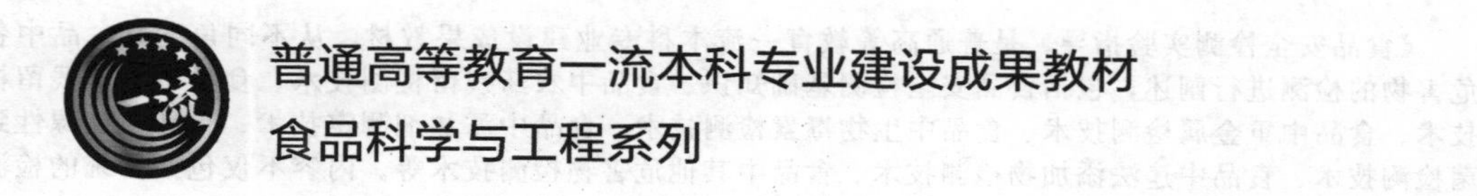


# 食品安全检测实验指导

卢春霞　王双慧　唐宗贵　主编

化学工业出版社
·北京·

## 内 容 简 介

《食品安全检测实验指导》是普通高等教育一流本科专业建设成果教材，从不同角度对食品中各类危害物的检测进行阐述，包括食品安全检测基础知识、食品中农药残留检测技术、食品中兽药残留检测技术、食品中重金属检测技术、食品中生物毒素检测技术、食品中添加剂测定技术、食品中食源性致病菌检测技术、食品中违法添加物检测技术、食品中其他危害物检测技术等。内容不仅包括传统的检测技术，还增加了快速检测技术的应用。此外，也涵盖综合实验4项。

本教材是高等学校食品质量与安全、食品科学与工程等专业的教材，也可作为食品加工企业技术人员的参考书。

**图书在版编目（CIP）数据**

食品安全检测实验指导/卢春霞，王双慧，唐宗贵主编.
—北京：化学工业出版社，2023.7(2025.5重印)
普通高等教育一流本科专业建设成果教材
ISBN 978-7-122-43206-3

Ⅰ.①食… Ⅱ.①卢… ②王… ③唐… Ⅲ.①食品安全-食品检验-实验-高等学校-教材 Ⅳ.①TS207.3-33

中国国家版本馆CIP数据核字（2023）第054653号

责任编辑：傅四周　　文字编辑：刘洋洋
责任校对：王鹏飞　　装帧设计：韩　飞

出版发行：化学工业出版社（北京市东城区青年湖南街13号　邮政编码100011）
印　　装：涿州市般润文化传播有限公司
787mm×1092mm　1/16　印张10¼　字数231千字　　2025年5月北京第1版第2次印刷

购书咨询：010-64518888　　售后服务：010-64518899
网　　址：http：//www.cip.com.cn
凡购买本书，如有缺损质量问题，本社销售中心负责调换。

定　　价：39.00元

# 前言

近年来我国食品安全问题时有发生，引起较大社会反响。食品安全检测技术是保证食品质量与安全的重要技术手段。

食品安全检测是一门实践性较强的课程，现有的相关教材中，绝大多数都侧重于讲授经典传统的方法。随着我国食品加工业的快速发展，传统检测技术有时难以满足现场快速检测的要求。为了满足不断发展的实践教学和企业生产需要，有力地实现产教融合，笔者根据实际检测经验，在不影响检测结果的情况下将传统的检测技术进行部分简化，并结合现代分析方法编写了本教材。本教材不仅包括传统的检测技术，还增加了快速检测技术的应用，使读者更全面地了解这些检测技术在食品安全领域的发展现状和应用，旨在更好地服务食品加工业和应用型本科高校食品专业人才的培养。

本教材是长江师范学院食品科学与工程国家级一流本科专业建设成果教材。包括三章内容，第一章为食品安全检测基础知识；第二章为基础实验，第三章为综合实验。全书参照不同检测技术和标准，从不同角度对食品中各类危害物的检测进行阐述，包括食品安全检测基础知识、食品中农药残留检测技术、食品中兽药残留检测技术、食品中重金属检测技术、食品中生物毒素检测技术、食品中添加剂测定技术、食品中食源性致病菌检测技术、食品中违法添加物检测技术、食品中其他危害物检测技术等内容。

本教材的特点是注重学生的实验动手能力和思考能力的培养，便于读者在深入理解实验理论的基础上进行实验操作，让读者较为全面地掌握食品安全检测技术的重点和操作要点。本教材另一特点为充分体现系统性、应用性和先进性。为了全面锻炼学生的动手实践能力，本书涉及的检测技术、危害物种类及分析仪器都很齐全。另外，为了满足技术先进性的特点，还增加了一些食品安全检测新技术和新方法。本教材可作为高等学校食品质量与安全、食品科学与工程等专业的教材，也可作为食品加工企业技术人员的参考书。

# 前言

# 目录

# 第一章

# 食品安全检测基础知识

## 第一节 化学试剂的分类和储存

### 一、化学试剂的分类及等级

根据产品用途，GB/T 37885—2019《化学试剂 分类》将化学试剂分为基础无机化学试剂、基础有机化学试剂、高纯化学试剂、标准物质/标准样品和对照品、化学分析用化学试剂、仪器分析用化学试剂、生命科学用化学试剂、同位素化学试剂、专用化学试剂、其他化学试剂。

根据试剂中所含杂质的多少，通用化学试剂分为三个等级，详见表1-1。

试剂的质量及使用是否得当，将直接影响到分析结果的准确性。作为分析测试人员应了解试剂的性质、规格和适用范围，根据实际需要选用合适的试剂，可在保证分析结果准确性的同时避免浪费。

**表1-1 通用化学试剂等级对照表**

| 项目 | 一级 | 二级 | 三级 |
| --- | --- | --- | --- |
| 试剂规格 | 优级纯 | 分析纯 | 化学纯 |
| 标签颜色 | 绿色 | 红色 | 蓝色 |
| 国家通过等级符号 | GR | AR | CP |
| 杂质含量 | 很低 | 低 | 略高于分析纯 |
| 适用范围 | 精确分析及科研 | 一般分析和科研 | 工业分析和教学实验 |

### 二、化学试剂的存储和安全使用

部分化学试剂具有一定的毒性，有些是易燃、易爆危险品，因此掌握化学试剂的储存方法至关重要。试剂存放应遵循以下原则。

(1) 所有化学试剂应分类存放在化学试剂储存室内。

(2) 储存室要通风、阴凉，温度低于30℃，避免阳光直射。储存室严禁明火，消防灭火器材完备。

(3) 见光易分解的化学试剂应避光保存。

(4) 化学性质相抵的化学药品，严禁在同一储存柜存放。如强氧化剂和易燃品要严格分开，挥发性酸、碱试剂要分开，固体、液体试剂分开存放。

(5) 有毒化学品、易燃易爆化学品、易制毒试剂、强腐蚀性化学品等需单独存放，双人双锁专柜管理。领取时需经负责人审批，并做好领取记录。

## 第二节　玻璃量器基础知识

常用玻璃量器包括滴定管、吸量管、移液管、容量瓶、量筒、量杯等。根据用途分为量出式和量入式两种，量出式玻璃器皿包括吸量管、移液管、滴定管和量筒（杯），量入式玻璃器皿包括容量瓶。

### 一、滴定管

#### (一) 滴定管的分类

滴定管是准确测量放出液体体积的量器，按其容积不同分为常量滴定管、半微量滴定管和微量滴定管。常量滴定管容积为25mL、50mL或100mL；容积为10mL，最小分度值为0.05mL的滴定管称为半微量滴定管；微量滴定管的容积有1mL、2mL、5mL的各种规格，最小分度值为0.02mL或0.01mL。

滴定管按其用途可分为酸式滴定管和碱式滴定管。酸式滴定管用于装酸性和中性溶液，碱式滴定管适合装碱性溶液。能与乳胶管起作用的溶液，比如高锰酸钾、碘、硝酸银等溶液不能用碱式滴定管。需要避光的溶液应采用棕色滴定管。

#### (二) 滴定管的正确使用

1. 酸式滴定管的使用

(1) 洗涤：使用前用自来水冲洗干净，去离子水润洗3次。有油污的滴定管要用铬酸洗液洗涤。

(2) 试漏：将旋塞关闭，滴定管里注满水，把它固定在滴定管架上，放置10min，观察滴定管口及旋塞两端是否有水渗出，旋塞不渗水方可使用。

(3) 润洗：应先用标准溶液（5～6mL）润洗滴定管3次，洗去管内壁的水膜，以确保标准溶液浓度不变。

(4) 检查尖嘴内是否有气泡：滴定管内装入标准溶液后要检查尖嘴内是否有气泡。如有气泡，将影响溶液体积的准确测量。排除气泡的方法是：用右手拿住滴定管无刻度部分使其倾斜约30°角，左手迅速打开旋塞，使溶液快速冲出，将气泡带走。

（5）调零：装满标准溶液，调零刻度。

（6）滴定：将滴定管夹在滴定管架上。左手控制旋塞，大拇指在管前，食指和中指在后，三指轻拿旋塞柄，手指略微弯曲，向内扣住旋塞，避免旋塞被拉出。向里旋转旋塞使溶液滴出。滴定管应插入锥形瓶口下方1～2cm，右手持瓶，使瓶内溶液顺时针不断旋转。掌握好滴定速度（连续滴加、逐滴滴加或半滴滴加），到达终点前用洗瓶冲洗瓶壁，再继续滴定至终点。

#### 2. 碱式滴定管的使用

（1）试漏：给碱式滴定管装满水后夹在滴定管架上静置5min。若有漏水应更换橡胶管或管内玻璃珠，直至不漏水且能灵活控制液滴为止。

（2）排气：滴定管内装入标准溶液后，要将尖嘴内的气泡排出。把橡胶管向上弯曲，出口上斜，挤捏玻璃珠，使溶液从尖嘴快速喷出，气泡即可随之排掉。

（3）滴定：进行滴定操作时，用左手拇指和食指捏住玻璃珠中部靠上部位的橡胶管外侧，向手心方向捏挤橡胶管，使其与玻璃珠之间形成一条缝隙，溶液即可流出。

其他操作同酸式滴定管。

### （三）滴定管使用注意事项

滴定管使用前和用完后都应进行洗涤。滴定管洗净的标准是玻璃管内壁不挂水珠。

滴定管必须固定在滴定管架上使用。读取滴定管的读数时，需使滴定管垂直，视线应与弯月面下沿最低点保持在同一水平面，要在装液或放液后1～2min进行。对有色溶液进行读数时应使眼睛的视线与滴定管内溶液液面两侧的最高点呈同一水平面。

滴定前，滴定管尖嘴部分不能留有气泡，尖嘴外不能挂有液滴；滴定终点时，滴定管尖嘴外若挂有液滴，其体积应从滴定液（通常为标准液）中扣除，标准的酸式滴定管，1滴为0.05mL。

滴定过程中眼睛应时刻观察锥形瓶中颜色的变化。滴速先快后慢（不能连成水柱），当接近终点时，应一滴一摇。后一滴刚好使指示剂颜色发生明显改变而且0.5min内不恢复原色，读出末体积，记录。

滴定管使用完毕后，应倒去管内剩余的溶液，用水反复冲洗干净。

酸式滴定管长期不用时，活塞部位要垫上纸。碱式滴定管不用时橡胶管应拔下保存。

## 二、移液管和吸量管

移液管是准确移取一定体积的溶液的量器。它是一根中间有一膨大部分的细长玻璃管，其下端为尖嘴状，上端管颈处刻有一标线。膨大部标体积和标定时的温度。常用的规格有5mL、10mL、15mL、20mL、25mL、50mL等。具有刻度的直形玻璃管称为吸量管，常用的吸量管有1mL、2mL、5mL、10mL等规格。移液管和吸量管所移取的体积通常可准确到0.01mL。

移液管（吸量管）的正确使用方法如下。

（1）检查：使用前检查其管口和尖嘴有无破损，有破损不能使用。

（2）润洗：使用前用待移取的溶液将其润洗三次，将润洗的溶液从尖口放出。

（3）移液：用右手的拇指和中指捏住移液管（吸量管）的上端，将管的下口插入溶液10～20mm处，左手拿洗耳球，先把球中空气压出，再将球的尖嘴接在管上口，慢慢松开压扁的洗耳球使溶液吸入管内，吸取溶液至刻度以上，立即用右手的食指按住管口。

（4）调节液面：将移液管（吸量管）向上提升离开液面，管的末端仍靠在盛溶液器皿的内壁上，管身保持直立，略为放松食指使管内溶液慢慢从下口流出，直至溶液的弯月面底部与标线相切为止，立即用食指压紧管口。将尖端的液滴靠壁去掉，移出移液管（吸量管），插入承接溶液的器皿中。

（5）放出溶液：承接溶液的器皿如是锥形瓶，应使锥形瓶倾斜，移液管（吸量管）直立，管下端紧靠锥形瓶内壁，稍松开食指，让溶液沿瓶壁慢慢流下，全部溶液流完后需等15s后再拿出移液管（吸量管），以便使附着在管壁的部分溶液得以流出。如果吸量管未标明“吹”字，则残留在管尖末端内的溶液不可吹出，因为吸量管所标定的量出容积中并未包括这部分残留溶液。

## 三、容量瓶

容量瓶主要用于准确配制一定浓度的溶液。瓶颈上刻有标线，当瓶内溶液在指定温度下达到标线处时，其体积即为瓶上所注明的容积数。

**1. 容量瓶的正确使用**

（1）检漏：使用之前需检查磨口塞是否漏水，在瓶内装入适量的水，塞紧瓶塞，用右手食指按住塞子，另一只手托住容量瓶，倒立2min，用干滤纸片沿瓶口缝隙处检查有无水渗出。

（2）洗涤：检查完毕后，用蒸馏水洗涤干净。

（3）固体物质溶解：将准确称量的固体试剂放入干净的烧杯中，用少量溶剂溶解（如果放热，要放置使其温度降至室温），然后将溶液转移至容量瓶中，转移时需用玻璃棒引流，防止溶液流到容量瓶外壁上。

（4）淋洗：为保证溶质全部转移至容量瓶中，要用溶剂少量多次洗涤烧杯，并把洗涤溶液全部转移至容量瓶里。

（5）定容：向容量瓶中加入溶剂直至液体液面离标线约1cm时，应改用滴管小心滴加，最后使液体的弯月面与标线正好相切。若加溶剂超过刻度线，则需要重新配制。

（6）摇匀：盖紧瓶塞，用倒转和摇动的方式使瓶内液体混合均匀。静置后如果发现液面低于刻度线，这是因为容量瓶内极少量溶液在瓶颈处湿润而损耗，并不影响所配溶液浓度，故不需要再添加溶剂。

**2. 容量瓶使用注意事项**

（1）一种型号的容量瓶只能配制同一体积的溶液。

（2）溶质在烧杯内完全溶解后方可转移至容量瓶，用于洗涤烧杯的溶剂总量不能超过容量瓶的标线。

（3）容量瓶不能进行加热。如果溶质在溶解过程中放热，要待溶液冷却后再进行转移。因为容量瓶是在20℃下标定的，若将温度过高或过低的溶液注入容量瓶，容量瓶则会发生热胀冷缩，造成体积不准确。

（4）容量瓶只能用于配制溶液，不能用于储存溶液，因为溶液可能会对瓶体造成腐蚀，进而影响容量瓶的精度。因此，配制的溶液应及时转移至储存瓶中。

（5）使用后应及时清洗干净，塞上瓶塞，并在塞子和瓶口之间夹一纸条，防止瓶塞和瓶口粘连而造成打开困难。

## 第三节　常见仪器基础知识

### 一、电子天平

电子天平的正确使用方法如下。

（1）电子天平应放在专设的天平室内，室内要求空气干燥，温度适宜，无腐蚀性气体，避免阳光直射，避免空气对流。

（2）天平放置台面要稳定、平坦，避免震动，放置好后不能随意移动。

（3）天平开机前，应观察天平水平仪内的水泡是否位于圆环的中央，如果偏离，可通过天平的地脚螺栓进行调节。

（4）称量物不能超过天平最大负载，不能称量热的物体。

（5）称量前开机预热30min，称量后，应清洁天平，避免对天平造成污染而影响称量精度。

### 二、分光光度计

#### 1.工作原理

物质对光的吸收有选择性，不同的物质有特定的吸收波长，根据朗伯-比尔定律，当一束单色光通过均匀溶液时，其吸光度与溶液浓度和液层厚度的乘积成正比。因此，通过测定溶液吸光度可确定被测组分的含量。

#### 2.正确使用及维护

（1）仪器应放置在干燥、无污染的室内，仪器内防潮硅胶要定期更换。

（2）仪器使用完毕，必须切断电源，应按顺序关闭主机和稳流稳压电源开关。

（3）比色皿使用完毕，用蒸馏水冲洗干净，并用擦镜纸把水渍擦净，防止表面光洁度受损，影响正常使用。

（4）光源灯、光电管等通常在使用一定时间后衰老或损坏，要按规定定期更换。

## 三、马弗炉

### 1. 马弗炉分类

马弗炉是一种用来进行加热或者进行热处理的设备，根据其加热元件、使用温度和控制器的不同有以下几种分类方式。

（1）按加热元件可分为：电炉丝马弗炉、硅碳棒马弗炉、硅钼棒马弗炉。

（2）按使用温度一般可分为：1000℃以下箱式马弗炉，1100～1300℃马弗炉（硅碳棒马弗炉），1600℃以上马弗炉（硅钼棒马弗炉）。

（3）按保温材料可分为：普通耐火砖马弗炉和陶瓷纤维马弗炉。

### 2. 马弗炉的正确使用及注意事项

（1）使用时切勿超过马弗炉的最高设定温度，以免烧毁电热元件，最好在低于最高设定温度 50℃以下工作，此时炉丝可保持较长的寿命。

（2）装取试样时一定要切断电源，以防触电。

（3）装取试样时炉门开启时间应尽量短，以延长电炉使用寿命。

（4）禁止向炉内放置各种液体及易熔化的金属。

（5）不得将沾有水和油的试样放入炉膛，不得用沾有水和油的夹子夹取试样。

（6）在加热时，炉外套也会变热，应使炉体远离易燃易爆物，并保持炉外易散热，装取试样时要戴手套，以防烫伤。

（7）使用完毕后，应切断电源，使其自然降温，不要立即开启炉门，以免炉膛突然受冷碎裂。如急用，可先开一条小缝，让其降温至 200℃以下后，方可开炉门。

## 四、离心机

### 1. 工作原理

离心机是实验中常用的一种设备，是利用离心机转子高速旋转产生的强大离心力，加快液体中颗粒的沉降速度，把样品中不同沉降系数和浮力密度的物质分离开，能达到初步分离纯化的目的。

### 2. 离心机的正确使用及注意事项

（1）离心机尽量单独放在一个房间，周围不要放有机试剂、易燃品等。

（2）使用各种离心机时，必须事先在天平上平衡离心管和其内容物，平衡时质量之差不得超过各个离心机说明书上所规定的范围。当转头只是部分装载时，离心管要对称放置，以便使负载均匀地分布在转头的周围。

（3）选择合适的转子，转速不得超过转子标明的最高转速。

（4）离心机使用过程中不得随意离开，应随时观察离心机上的仪表是否正常工作，如有异常的声音应立即停机检查，及时排除故障。

（5）装载溶液时，分析用离心机根据待离心液体的性质及体积选用适合的离心管，液体不得装得过多，以防离心时甩出，造成转头不平衡、生锈或被腐蚀。而制备型超速离心机的离心管，则常常要求必须将液体装满，以免离心时塑料离心管的上部凹陷变形。

# 第四节　溶液配制基础知识

## 一、实验室用水要求

根据 GB/T 6682—2008《分析实验室用水规格和试验方法》要求，实验室用水分为三个级别：一级水、二级水和三级水。一级水用于要求严格的分析试验，如高效液相色谱用水；二级水用于无机痕量分析等试验，如原子吸收光谱分析用水；三级水用于一般化学分析试验。一级水不可贮存，使用前制备，二级水和三级水可适量制备，各级用水在运输过程中避免沾污。

## 二、溶液浓度的表示方法

溶液浓度是指一定量的溶液（或溶剂）中所含溶质的量。用 A 代表溶剂，B 代表溶质，食品分析检验中常用的溶液浓度主要有以下几种表示方法。

### 1. B 的质量分数

B 的质量分数是指 B 的质量（$m_B$）与混合物的质量（$m$）之比，以 $X_B$ 表示，即：$X_B=m_B/m$。

### 2. B 的质量浓度

B 的质量浓度是指 B 的质量（$m_B$）除以混合物（溶液）的体积（$V$），以 $\rho_B$ 表示，即：$\rho_B=m_B/V$。

### 3. B 的体积分数

混合前 B 的体积（$V_B$）除以混合物的体积（$V_0$），称为 B 的体积分数（适用于溶质 B 为液体），以 $\varphi_B$ 表示，即：$\varphi_B=V_B/V_0$。

多用于液体溶于液体之中，如将液体试剂稀释时，多采用这种浓度表示方式。

### 4. B 的物质的量浓度

B 的物质的量浓度是指单位体积溶液中所含溶质 B 的物质的量，用符号 $c_B$ 表示，常用单位为 mol/L。即：$c_B=n_B/V$。式中，$c_B$ 为溶质 B 的物质的量浓度，mol/L；$n_B$ 为溶质 B 的物质的量，mol；$V$ 为溶液的体积，L。

## 三、标准溶液的配制和标定

滴定分析用标准溶液，也称为标准溶液，主要用于测定样品的主体成分或常量成分，其浓度常用物质的量浓度和滴定度表示。

1. **一般规定**

标准溶液浓度准确程度直接影响分析结果的准确性。因此，制备标准溶液对方法、仪器、量具和试剂等均有严格的要求。国家标准 GB/T 601—2016《化学试剂 标准滴定溶液的制备》中对上述各方面做出如下规定。

制备标准溶液用水应符合 GB/T 6682—2008 三级水的规格。

所用试剂的纯度应在分析纯以上。

所用天平、滴定管、容量瓶、单标线吸管等应定期校正。

制备标准溶液的浓度系指 20℃时的浓度，在标准溶液标定、直接制备和使用时，如果温度有差异，应对标准溶液的体积进行补正（按 GB/T 601—2016 中附录 A 进行）。

称量基准试剂的质量小于或等于 0.5g 时，按精确至 0.01mg 称量；大于 0.5g 时，按精确至 0.1mg 称量。

制备标准溶液的浓度应在规定浓度的±5%范围以内。

标定标准溶液时，需要两人进行试验，分别做四平行。每人四平行标定结果相对极差不得大于相对重复性临界极差［$CR_{0.95}(4)_r=0.15\%$］，两人八平行标定结果相对极差不得大于相对重复性临界极差［$CR_{0.95}(8)_r=0.18\%$］。运算过程中保留 5 位有效数字，取两人八平行标定结果的平均值为标定结果，报出结果取 4 位有效数字。

标准溶液的浓度≤0.02mol/L 时（0.02mol/L 乙二胺四乙酸二钠、氯化锌标准溶液除外），应于临用前将浓度高的标准溶液用煮沸并冷却的水进行稀释，必要时重新标定。

除另行规定外，标准溶液在 10～30℃下，密封保存时间一般不超过 6 个月；碘标准溶液、亚硝酸钠标准溶液保存时间为 4 个月；高氯酸标准溶液、氢氧化钾-乙醇标准溶液、硫酸铁铵标准溶液保存时间为 2 个月。

标准溶液在 10～30℃下，开封使用后保存时间不超过 2 个月；碘标准溶液、氢氧化钾-乙醇标准溶液开封使用后保存时间一般不超过 1 个月；亚硝酸钠标准溶液开封使用后保存时间一般不超过 15d；高氯酸标准溶液开封后当天使用。

当标准溶液出现浑浊、沉淀、颜色变化等现象时，应重新配制。

贮藏标准溶液的容器，其材料不应与溶液起理化作用。

2. **配制方法**

标准溶液的配制方法有直接配制法和标定法两种。

直接配制法：如果试剂符合基准物质的要求（组成与化学式相符、纯度高、稳定），可以直接配制标准溶液。即准确称量一定的已干燥的基准物质（基准试剂），溶解后转入校正的容量瓶中，定容至刻度，摇匀即可。

标定法：如果试剂并不符合基准物质的条件，例如固体氢氧化钠易吸收空气中 $CO_2$，浓盐酸中 HCl 易挥发等，这些试剂不能直接配制标准溶液。一般先将这些物质配制成近似所需浓度的溶液，再用基准物质测定其浓度，这个过程称为标定。

3. **标准溶液配制时注意事项**

配制时所用水要达到规定标准。

称量标准物质时要根据标准要求，准确称取到相应的精度要求，定容要准确。

配制标准溶液时，如果试剂或基准物质需要干燥，一定要进行烘干后方可使用，而且在烘干后应尽快使用。

## 四、溶液配制时注意事项

（1）溶液要用带塞的试剂瓶盛装，见光易分解的溶液要用棕色瓶盛装，浓碱液用塑料瓶盛装。

（2）配制硫酸、盐酸、磷酸和硝酸等溶液时，应在通风橱里配制，应把酸倒入水中，边加边搅拌。对于溶解时放热较多的试剂，不可直接在试剂瓶中配制，以免散热不及时造成试剂瓶炸裂。

（3）易燃易爆溶剂使用时要远离明火，有毒及挥发性有机溶剂应在通风橱里操作。

（4）不能用手接触腐蚀性或有剧毒的化学试剂，有毒化学试剂不能直接倒入下水道。

（5）配制的溶液必须标明名称、浓度、配制日期、配制人等，标准溶液的标签还应标明标定日期、标定者。

# 第五节　检验结果表述

## 一、检验结果表示

食品安全分析检测常以被测组分在样品中的含量来表示，检测结果应使用法定计量单位。

## 二、检测结果的准确度和精密度

### 1. 准确度

定量分析中的准确度是指实验测定的结果与真实值符合的程度，实验测定平均值与真实值差距越小，则分析结果的准确度越高。

### 2. 精密度

精密度是指几次测定结果之间相近的程度，各次测定值之间越接近，则分析结果的精密度就越高。精密度通常用偏差来表示，偏差越小表示方法稳定、重现好、精密度高。检测结果的精密度应符合检测方法中的规定要求。

## 三、数据处理

### 1. 有效数字保留

检测结果的有效数字应与检测方法中的规定相符。

**2. 数字修约规则**

数字修约应遵循 GB/T 8170—2008。

（1）进舍规则：拟舍弃数字的最左一位数字小于 5，则舍弃，保留其余各位数字不变。例：将 13.1428 修约至个位数，得 13；13.1428 修约至一位小数，得 13.1。

拟舍弃数字的最左一位数字大于 5，则进一。例：11.63 修约到个位数，得 12。

拟舍弃数字的最左一位数字为 5，且其后有非 0 数字时进一，即保留数字的末尾数字加 1。例：4.2516 保留两位有效数字，得 4.3。

拟舍弃数字的最左一位数字为 5，且其后有数字为 0 时，所保留的末位数字为奇数则进一，若保留的末位数字为偶数则舍弃。例：将 3.150 保留两位有效数字，得 3.2；将 3.250 保留两位有效数字，得 3.2。

（2）不允许连续修约。

# 第六节　实验室安全卫生

在食品安全检测中，常常用到具有腐蚀性、毒性的试剂和易燃易爆的试剂，以及各种电气设备，操作人员如果操作不当或粗心大意，易发生火灾、触电、受伤及中毒等危险事故。因此，提高实验室安全防范意识，掌握必要的实验室安全知识是对实验人员的基本要求。

## 一、安全卫生

（1）分析检测使用挥发性有机溶剂、浓盐酸、浓硝酸、浓氨水和气体时，应在通风橱里操作。

（2）蒸馏易燃液体时，严禁使用明火，蒸馏过程不得离开，防止温度过高或冷却水突然中断。

（3）应遵守国家危险化学品安全管理的相关规定，严格控制实验室内易燃易爆、有毒有害试剂的存放，统一管理，登记领用。使用有毒有害或腐蚀性试剂和标准品时，应戴上防护手套或防护面具。

（4）操作时应穿工作服，头发要扎起。

（5）实验室禁止进食，不能用实验器皿处理食物。

（6）高压气瓶应固定放置在气瓶柜内，气瓶柜应存放在阴凉、干燥、严禁明火、远离热源的房间。同一种气体的气瓶需放在同一个柜内，禁止混合存放。

（7）使用时应检查气瓶是否漏气，是否存在不安全因素。气瓶中的气体不能全部用尽，通常应保持 0.2～1MPa 的余压。

（8）实验室应保持整齐整洁，实验完成后及时清理实验台、清洗用过的器皿、清理维护仪器设备，做好环境卫生工作。

（9）实验结束后，做好仪器使用记录，检查水、电、气等是否关闭，确认关闭后方可离开。

## 二、废弃物处理

实验过程中产生的废弃物应倒入分类的废弃桶或废液瓶中，危害性废弃物不能随意带出试验区域或随意丢弃。

# 第二章

# 基础实验

## 第一节　食品中农药残留检测技术

### 实验一　酶抑制（率）法测定蔬菜中有机磷农药残留

#### 一、实验目的

① 理解酶抑制（率）法测定有机磷农药的原理。

② 正确使用分光光度计。

③ 熟悉酶抑制（率）法测定步骤。

#### 二、测定意义

有机磷农药广泛应用于农业领域，由于不合理的使用造成农产品中有机磷农药残留超标，大多数有机磷农药具有较强的毒性，直接影响消费者的食用安全。另外，农药残留超标也会影响农产品的贸易。因此，有机磷农药残留检测对保障食品质量与安全具有重要意义。

#### 三、实验原理

在一定条件下，有机磷农药能抑制乙酰胆碱酯酶正常功能，其抑制率与农药的浓度呈正相关。如果蔬菜中不含有机磷农药或残留量低，酶的活性不被抑制，向样品提取液中加入底物（乙酰胆碱）和乙酰胆碱酯酶后，底物被酶催化水解，其水解产物与加入的显色剂反应，产生黄色物质。如果样品提取溶液中含有机磷农药且残留量较高，酶的活性被抑制，加入显色剂后就不显色。用分光光度计在412nm处测定吸光度随时间的变化值，计算出抑制率。通过抑制率可以判定蔬菜中是否残留高剂量的有机磷类农药。

## 四、试剂与器材

### 1. 试剂与材料

除另有规定外，本方法所用试剂均为分析纯，水为GB/T 6682—2008规定的二级水。

① 无水磷酸氢二钾。

② 磷酸二氢钾。

③ 5,5′-二硫代双(2-硝基苯甲酸)（DTNB）。

④ 碳酸氢钠。

⑤ 硫代乙酰胆碱。

⑥ 乙酰胆碱酯酶。

### 2. 试剂配制

① pH 8.0缓冲溶液：称取无水磷酸氢二钾11.9g和磷酸二氢钾3.2g于烧杯中，用蒸馏水溶解，转移至1000mL容量瓶，定容至刻度。

② 显色剂：分别取160mg DTNB和15.6mg碳酸氢钠，用20mL缓冲溶液溶解，4℃冰箱中保存。

③ 底物：取25.0mg硫代乙酰胆碱，加入3.0mL蒸馏水，溶解，置于4℃冰箱中保存备用。保存期不超过两周。

④ 乙酰胆碱酯酶：根据酶的活性，用缓冲溶液溶解，3min的吸光值变化$\Delta A_0$值应控制在0.3以上。摇匀后4℃冰箱中保存备用，保存期不超过4d。

注：也可选用由以上试剂制备的试剂盒。

### 3. 仪器设备

① 分光光度计。

② 电子天平：感量0.01g。

③ 恒温水浴锅。

④ 容量瓶：1000mL。

⑤ 烧杯：250mL、500mL。

⑥ 剪刀。

## 五、实验方法

### 1. 试样的制备

蔬菜样品洗去表面泥土，剪成约1cm$^2$见方的碎片，称取试样1g（精确至0.1g）于烧杯中，加入5mL缓冲液（pH 8.0），振摇2min，倒出提取液，静置3～5min，待用。

### 2. 测定

(1) 对照溶液测定

先于反应管中加入2.5mL缓冲溶液，再加入0.1mL酶液、0.1mL显色剂，摇匀后于37℃水浴锅中放置15min。加入0.1mL底物，摇匀，立即测定吸光值，记录反应3min

的吸光度变化值 $\Delta A_0$。

(2) 试样溶液的测定

先于反应管中加入 2.5mL 提取液，其他操作与对照液操作相同，记录反应 3min 的吸光度变化值 $\Delta A_t$。

注：也可采用商业试剂盒，按说明书操作。

## 六、结果计算与表述

### 1. 结果计算

抑制率按式（2-1）进行计算：

$$X=\frac{\Delta A_0-\Delta A_t}{\Delta A_0} \tag{2-1}$$

式中　$X$——抑制率，%；

$\Delta A_0$——对照溶液反应 3min 吸光度的变化值；

$\Delta A_t$——样品溶液反应 3min 吸光度的变化值。

### 2. 结果判定

结果以酶被抑制的程度（抑制率）表示。

当抑制率≥50%时，表示蔬菜中有机磷农药残留高于检测限，判定为阳性，阳性样品需要重复检验 2 次以上。

## 七、其他

本方法所述试剂、试剂盒信息及操作步骤是为给使用者提供方便，在使用本方法时不做限定。方法使用者在使用替代试剂、试剂盒或操作步骤前，须对其进行考察，应满足本方法规定的各项性能指标。

## 八、注意事项

① 葱、蒜、萝卜、韭菜、芹菜、香菜、茭白、蘑菇及番茄汁液中，含有对酶有影响的植物次生物质，容易产生假阳性。处理这类样品时，采取整株蔬菜浸提。对一些含叶绿素较高的蔬菜，也可采取整株蔬菜浸提的方法，减少色素的干扰。

② 当温度低于 37℃，酶反应速度随之减慢，加入酶液和显色剂后放置反应时间应相对延长，延长时间的确定以胆碱酯酶空白对照测试 3min 的吸光值变化 $\Delta A_0$ 在 0.3 以上，即可进一步操作。注意样品放置时间应与空白对照溶液放置时间一致才有可比性。胆碱酯酶空白对照溶液 3min 的吸光值变化 $\Delta A_0<0.3$ 的原因：一是酶活性不够，二是温度太低。

③ 阳性样品需使用色谱及质谱等方法做进一步定性和定量分析。

## 九、思考题

① 酶抑制法测定有机磷农药的原理是什么？

② 空白对照溶液 3min 的吸光值变化 $\Delta A_0 < 0.3$ 的原因是什么？

# 实验二 气相色谱法测定果蔬中有机磷农药残留

## 一、实验目的

① 理解气相色谱法测定有机磷农药残留的原理。

② 掌握气相色谱法测定有机磷农药残留的方法。

③ 熟练使用气相色谱仪。

## 二、实验原理

试样中有机磷类农药经乙腈提取、离心过滤、旋蒸浓缩，用丙酮定容，自动进样器进样，经中等极性毛细管色谱柱分离，火焰光度检测器检测。以保留时间定性，外标法定量。

## 三、试剂与器材

### 1. 试剂与材料

除另有规定外，本方法所用试剂均为分析纯，水为 GB/T 6682—2008 规定的二级水。

① 乙腈。

② 丙酮，色谱纯。

③ 氯化钠，分析纯。

④ 滤膜：0.22μm，有机滤膜。

⑤ 农药标准品：毒死蜱、乐果、敌敌畏、乙酰甲胺磷、甲基对硫磷、倍硫磷、三唑磷、亚胺硫磷等，浓度 1mg/mL，溶剂丙酮。

### 2. 标液配制

(1) 混标中间储备液

准确吸取每种农药标准品 1.00mL 于 50mL 容量瓶，用丙酮定容至刻度。浓度为 20μg/mL，贮存在－18℃以下冰箱中。

(2) 农药混合标准工作溶液

分别吸取 0mL、0.05mL、0.1mL、0.2mL、0.5mL、1.0mL、1.25mL 混标中间储备液放入 25mL 容量瓶，用丙酮稀释至刻度，得到浓度为 0μg/mL、0.04μg/mL、0.08μg/mL、0.16μg/mL、0.4μg/mL、0.8μg/mL、1.0μg/mL 的标准工作溶液。

### 3. 仪器设备

① 气相色谱仪，带有火焰光度检测器（FPD 磷滤光片）。

② 电子天平：感量 0.01g。

③ 涡旋振荡器。

④ 食品加工器。

⑤ 匀浆机：≥10000r/min。

⑥ 离心机：≥5000r/min。

⑦ 旋转蒸发仪。

⑧ 鸡心瓶或茄形瓶。

⑨ 容量瓶：25mL、50mL。

⑩ 塑料离心管：50mL。

⑪ 刻度离心管：15mL。

## 四、实验方法

### 1. 试样的制备

蔬菜或水果样品，依据样品制备标准，经缩分后，将其切碎，充分混匀放入食品加工器粉碎，放入样品瓶中，于−18℃保存备用。

### 2. 样品提取

准确称取样品 10.0g，放入 50mL 塑料离心管中，加入 20mL 乙腈，用匀浆机高速匀浆 2min，转速不低于 10000r/min。在离心管中加入 3～4g 氯化钠，涡旋混合 30s，以不低于 5000r/min 离心 5min，取上清液 10mL 放入浓缩瓶（茄形瓶或鸡心瓶均可）用于下一步骤。

### 3. 浓缩富集、定容

将上述上清液在旋转蒸发仪上浓缩近干，水温不得高于 40℃，加入 2.0mL 丙酮，转移至 15mL 刻度离心管中，用约 3mL 丙酮分三次冲洗浓缩瓶，并转移至同一离心管，丙酮定容至 5.0mL，混匀，移入自动进样器样品瓶中，供色谱检测。如果定容后样品溶液浑浊，用 0.22μm 滤膜过滤后再进行测定。

### 4. 测定

（1）色谱条件

色谱柱：50％聚苯基甲基硅氧烷（HP-50＋）柱，30m×0.53mm×1.0μm，或相当者。

温度：进样口温度 210℃；检测器温度 230℃。

程序升温条件：150℃（保持 1min），10℃/min 升温至 250℃（保持 10min）。

载气：高纯氮气，纯度≥99.999％，流速为 4mL/min。

燃气：氢气，纯度≥99.999％，流速为 60mL/min。

助燃气：空气，流速为 60mL/min。

进样方式：不分流进样。

（2）试样测定

由自动进样器分别吸取 1.0μL 标准混合溶液和 1.0μL 样品溶液注入色谱仪中，以保留时间定性，峰面积外标法定量。有机磷农药标准溶液气相色谱图见图 2-1。

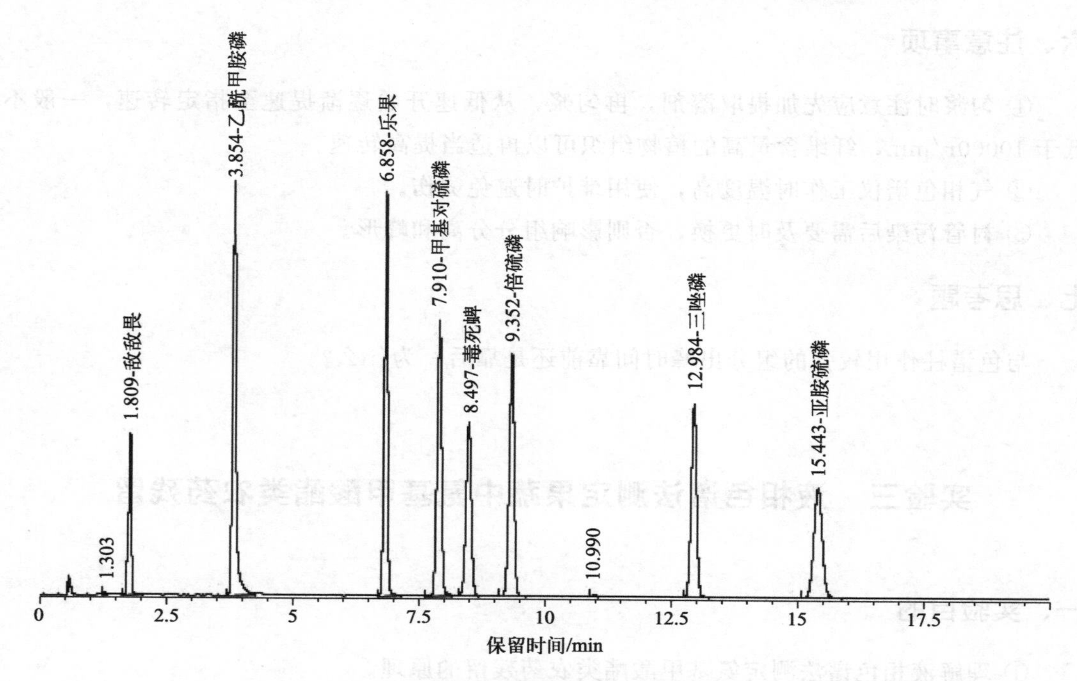


图 2-1 有机磷农药标准溶液气相色谱图

## 五、结果计算与表述

**1. 定性分析**

样品溶液中某组分的保留时间与标准溶液中某一农药的保留时间相差在±0.05min 内的，可认定为该农药。

**2. 定量结果计算**

试样中被测农药残留量以质量分数 $X$ 表示，按式（2-2）计算。

$$X=\frac{V_1\times A\times V_3}{V_2\times A_s\times m}\times\rho \tag{2-2}$$

式中 $X$——试样中农药残留量，mg/kg；

$\rho$——标准溶液中农药的质量浓度，mg/L；

$A$——样品溶液中被测农药的峰面积；

$A_s$——农药标准溶液中被测农药的峰面积；

$V_1$——提取溶剂总体积，mL；

$V_2$——吸取出用于检测的提取溶液体积，mL；

$V_3$——样品溶剂定容体积，mL；

$m$——试样的质量，g。

计算结果保留两位有效数字，当结果大于 1.0mg/kg 时保留三位有效数字。

## 六、注意事项

① 匀浆时注意应先加提取溶剂，再匀浆，从低速开始逐渐提速至指定转速，一般不低于 10000r/min，纤维含量高的植物组织可以再适当提高转速。

② 气相色谱仪工作时温度高，使用维护时避免烫伤。

③ 衬管污染后需要及时更换，否则影响组分分离和峰形。

## 七、思考题

与色谱柱作用较强的组分出峰时间靠前还是靠后，为什么？

# 实验三　液相色谱法测定果蔬中氨基甲酸酯类农药残留

## 一、实验目的

① 理解液相色谱法测定氨基甲酸酯类农药残留的原理。

② 熟悉液相色谱法测定氨基甲酸酯类农药残留的步骤。

③ 熟练使用液相色谱仪。

## 二、实验原理

试样中氨基甲酸酯类农药及其代谢物经乙腈提取、离心过滤、旋蒸浓缩，采用固相萃取技术分离、净化，淋洗液经浓缩后，使用带有柱后衍生系统和荧光检测器的高效液相色谱仪进行检测。以保留时间定性，外标法定量。

## 三、试剂与器材

### 1. 试剂与材料

除另有规定外，本方法所用试剂均为分析纯，水为 GB/T 6682—2008 规定的一级水。

① 乙腈。

② 二氯甲烷：色谱纯。

③ 甲醇：色谱纯。

④ 氯化钠：分析纯。

⑤ 柱后衍生试剂：0.05mol/L NaOH 溶液，Pickering® (cat. NO CB130)；OPA 稀释溶液，Pickering® (cat. NO CB910)；邻苯二甲醛 (o-phthaladehyde，OPA)，Pickering® (cat. NO CB0120)；巯基乙醇 (thiofluor)，Pickering® (cat. NO 3700-2000)。

注：柱后衍生试剂是由 Pickering 公司提供的产品，给出这一信息是为了方便使用者，

如有其他产品有相同效果，也可使用这些等效产品。

⑥ 滤膜：0.22μm，有机滤膜。

⑦ 固相萃取柱：氨基柱，容积6mL，填充物500mg。

⑧ 农药标准品：涕灭威亚砜、涕灭威砜、灭多威、3-羟基克百威、涕灭威、速灭威、克百威、甲萘威、异丙威、仲丁威等，浓度1mg/mL，溶剂甲醇。

**2. 试剂配制**

① 混标中间储备液（20μg/mL）：准确吸取每种农药标准品1.00mL于50mL容量瓶，用甲醇定容至刻度。浓度为20μg/mL，贮存在－18℃以下冰箱中。

② 农药混合标准工作溶液：分别吸取0mL、0.05mL、0.1mL、0.2mL、0.5mL、1.0mL、1.25mL混标中间储备液放入25mL容量瓶，用甲醇稀释至刻度，得到浓度为0μg/mL、0.04μg/mL、0.08μg/mL、0.16μg/mL、0.4μg/mL、0.8μg/mL、1.0μg/mL的混合标准工作溶液。

**3. 仪器设备**

① 高效液相色谱仪，可进行梯度洗脱，配有柱后衍生反应装置和荧光检测器（FLD）。

② 电子天平：感量0.0001g；感量0.01g。

③ 涡旋振荡器。

④ 食品加工器。

⑤ 匀浆机。

⑥ 旋转蒸发仪。

⑦ 离心机：≥5000r/min。

⑧ 氮吹仪。

⑨ 容量瓶：25mL、50mL。

⑩ 单通道移液器：1mL、10mL。

⑪ 塑料离心管：50mL。

⑫ 茄形瓶或鸡心瓶。

## 四、实验方法

**1. 试样制备**

蔬菜或水果样品，依据样品制备标准，经缩分后，将其切碎，充分混匀放入食品加工器粉碎，放入样品瓶中，于－18℃保存备用。

**2. 样品提取**

准确称取样品10.0g于50mL塑料离心管中，加入20.0mL乙腈，用匀浆机高速匀浆2min，转速不低于10000r/min。在离心管中加入3～4g氯化钠，涡旋混合30s，以不低于5000r/min离心5min，取上清液10.00mL于浓缩瓶（茄形瓶或鸡心瓶均可），备用。

**3. 净化**

将上述上清液于旋转蒸发仪上浓缩近干，水温不得高于40℃，加入2.0mL甲醇-二氯甲烷（体积比 5：95）溶解残渣，盖上铝箱，待净化。

将氨基柱用 4.0mL 甲醇-二氯甲烷（体积比 5：95）预洗条件化，当溶剂液面到达柱吸附层表面时，立即加入上述待净化溶液，用 15mL 离心管收集洗脱液，用 3mL 甲醇-二氯甲烷（体积比 5：95）冲洗烧杯后过柱，重复一次。将离心管置于氮吹仪上，在水浴温度 50℃下氮吹至近干，用甲醇准确定容至 2.0mL，振荡混合后，用 0.22μm 有机滤膜过滤，滤液上机分析。

**4. 测定**

（1）色谱条件

色谱柱：预柱为 $C_{18}$、4.6mm×4.5cm；分析柱为 $C_8$、4.6mm×25cm、5μm，或 $C_{18}$、4.6mm×25cm、5μm。

柱温：42℃。

荧光检测器：激发波长（Ex）为 330nm；发射波长（Em）为 465nm。

（2）溶剂梯度与流速

溶剂梯度与流速见表 2-1。

**表 2-1　溶剂梯度与流速**

| 时间/min | 水/% | 甲醇/% | 流速/（mL/min） |
|---|---|---|---|
| 0 | 85 | 15 | 0.5 |
| 2 | 75 | 25 | 0.5 |
| 8 | 75 | 25 | 0.5 |
| 9 | 60 | 40 | 0.8 |
| 10 | 55 | 45 | 0.8 |
| 19 | 20 | 80 | 0.8 |
| 25 | 20 | 80 | 0.8 |
| 26 | 85 | 15 | 0.5 |

（3）柱后衍生

0.05mol/L 氢氧化钠溶液，流速 0.3mL/min。

OPA 试剂，流速 0.3mL/min。

反应器温度：水解温度为 100℃；衍生温度为室温。

（4）色谱分析

分别吸取 20.0μL 标准混合溶液和 20.0μL 净化后的样品溶液，注入色谱仪中，以保留时间定性，以样品溶液峰面积与标准溶液峰面积比较定量。

## 五、结果计算与表述

试样中被测农药残留量以质量分数 $w$ 表示，按式（2-3）计算。

$$w=\frac{V_1 \times A \times V_3}{V_2 \times A_s \times m} \times \rho \tag{2-3}$$

式中 $w$——试样中农药残留量，mg/kg；

$\rho$——标准溶液中农药的质量浓度，mg/L；

$A$——样品溶液中被测农药的峰面积；

$A_s$——农药标准溶液中被测农药的峰面积；

$V_1$——提取溶剂总体积，mL；

$V_2$——吸取出用于检测的提取溶液体积，mL；

$V_3$——样品溶剂定容体积，mL；

$m$——试样的质量，g。

计算结果保留两位有效数字，当结果大于1mg/kg时保留三位有效数字。

## 六、注意事项

① 净化时，固相萃取小柱应避免流干。

② 挥发溶剂时避免完全吹干，如吹干，对有些低沸点农药的回收率有影响。

③ 此方法的液相色谱仪在使用后应使用超纯水充分冲洗管路，避免碱性溶液存留对仪器泵和流体管路产生损害，然后再用有机相冲洗，充分替换水相，再关机。

## 七、思考题

① 固相萃取小柱上样过程中流干对实验有什么影响？

② 色谱仪使用水冲洗后如果不用有机相替换有什么危害？

# 实验四 气相色谱-质谱法检测果蔬中农药残留

## 一、实验目的

① 了解气相色谱-质谱法测定有机磷农药残留的原理。

② 熟练使用气相色谱-质谱仪。

③ 掌握气相色谱-质谱仪测定农药残留的方法。

## 二、实验原理

试样用乙腈提取，提取液经分散固相萃取净化，气相色谱-质谱仪检测，外标法定量。

## 三、试剂与器材

### 1. 试剂与材料

除另有规定外，本方法所用试剂均为分析纯，水为GB/T 6682—2008规定的一级水。

① 乙腈。

② 乙酸乙酯：色谱纯。

③ 氯化钠。

④ 硫酸镁。

⑤ 柠檬酸钠。

⑥ 柠檬酸氢二钠。

⑦ 乙二胺-*N*-丙基硅烷化硅胶（PSA）：40～60μm。

⑧ 石墨化炭黑（GCB）：40～120μm。

⑨ 陶瓷均质子：2cm(长)×1cm（外径）。

⑩ 微孔滤膜 0.22μm，有机相。

⑪ 农药标准品：抗蚜威、三唑酮、二甲戊灵、氟虫腈、三唑醇、丙环唑、戊唑醇、氯菊酯、腈苯唑、苯醚甲环唑等 10 种农药，纯度≥95%。

**2. 溶液配制**

① 标准储备溶液（1000mg/L）：准确称取 10mg（精确到 0.1mg）各农药标准品，根据标准品的溶解性和测定需要，选用丙酮或正己烷等溶剂溶解并定容至 10mL，避光 −18℃保存，有效期 1 年。

② 农药混合标准溶液：根据各农药的性质和保留时间，逐一吸取一定体积的单个农药储备液分别注入同一容量瓶中，用乙酸乙酯稀释至刻度，混合标准溶液避光 0～4℃保存，有效期 1 个月。

③ 基质混合标准工作溶液：空白基质溶液用氮气吹干，加入 1mL 相应质量浓度的混合标准溶液复溶，过微孔滤膜，基质混合标准工作溶液应现用现配。

**3. 仪器设备**

① 气相色谱-三重四极杆质谱仪，带有电子轰击源（EI），自动进样器，分流/不分流进样口。

② 电子天平：感量 0.1mg 和 0.01g。

③ 离心机：转速不低于 4200r/min。

④ 氮吹仪。

⑤ 涡旋振荡器。

⑥ 食品加工器。

⑦ 容量瓶：10mL、25mL。

⑧ 塑料离心管：15mL、50mL。

⑨ 刻度试管：10mL。

⑩ 单通道移液器：1mL、10mL。

## 四、实验方法

**1. 试样的制备**

蔬菜或水果样品，取可食用部分，经缩分后，将其切碎，充分混匀放入食品加工器粉碎，放入分装袋中，于−18℃保存，备用。

**2. 样品前处理**

准确称取样品 10g 至 50mL 塑料离心管中，加入 10mL 乙腈、4g 硫酸镁、1g 氯化钠、1g 柠檬酸钠、0.5g 柠檬酸氢二钠和 1 颗陶瓷均质子。盖上离心管盖，剧烈振荡 1min 后，4200r/min 离心 5min，吸取 6mL 上清液加入含 885mg 硫酸镁及 150mg PSA 的 15mL 塑料离心管中（对于颜色较深的试样，加入 885mg 硫酸镁、150mg PSA 及 15mg GCB），4200r/min 离心 5min。准确吸取 2mL 上清液于 10mL 刻度试管中，40℃ 氮吹至近干，1mL 乙酸乙酯复溶，过膜后上机测定。

**3. 测定**

（1）仪器条件

色谱柱：DB-5MS 苯基亚芳基聚合物-甲基聚硅氧烷石英毛细管柱，这个柱子的填料是苯基亚芳基聚合物，等同于（5%苯基）-甲基聚硅氧烷，30m×0.25mm×0.25μm，或相当者。

程序升温条件：120℃保持 1min，以 10℃/min 速率升温至 200℃，然后以 30℃/min 速率升温至 270℃，保持 12min。

载气：氦气，纯度≥99.999%，流速为 1.0mL/min。

进样口温度：240℃。

进样量：1μL。

进样方式：不分流进样。

电子轰击源：70eV。

离子源温度：230℃。

传输线温度：260℃。

溶剂延迟：3min。

多反应监测：每种农药分别选择 1 对定量离子，1 对定性离子，每组所有需要检测离子对按照出峰顺序，分时段分别检测。每种农药的定量离子对、定性离子对和碰撞电压，见表 2-2。

**表 2-2 10 种农药定量离子对、定性离子对**

| 序号 | 中文名 | 英文名 | 定量离子对 (m/z) | 碰撞电压/V | 定性离子对 (m/z) | 碰撞电压/V |
|---|---|---|---|---|---|---|
| 1 | 抗蚜威 | pirimicarb | 238.0-166.2 | 10 | 166.0-55.1 | 20 |
| 2 | 三唑酮 | triadimefon | 208.0-181.1 | 5 | 208.0-111.0 | 20 |
| 3 | 二甲戊灵 | pendimethalin | 251.8-162.2 | 10 | 251.8-161.1 | 15 |
| 4 | 氟虫腈 | fipronil | 366.8-212.8 | 25 | 368.8-214.8 | 25 |
| 5 | 三唑醇 | triadimenol | 168.0-70.0 | 10 | 128.0-65.0 | 25 |
| 6 | 丙环唑 | propiconazole | 172.9-145.0 | 15 | 172.9-74.0 | 45 |
| 7 | 戊唑醇 | tebuconazole | 250.0-125.0 | 20 | 250.0-153.0 | 10 |
| 8 | 氯菊酯 | permethrin | 183.1-168.1 | 10 | 183.1-153.0 | 15 |
| 9 | 腈苯唑 | fenbuconazole | 128.9-102.1 | 15 | 197.9-129.0 | 5 |
| 10 | 苯醚甲环唑 | difenoconazole | 322.8-264.8 | 15 | 164.8-202.0 | 20 |

（2）标准工作曲线

精确吸取一定量的混合标准溶液，逐级用乙酸乙酯稀释成 0.01mg/L、0.05mg/L、0.1mg/L、0.2mg/L、0.5mg/L 的标准工作溶液。空白基质溶液用氮气吹干，分别加入 1mL 上述标准工作溶液复溶，过微孔滤膜配制成系列基质混合标准工作溶液，供气相色谱-质谱仪测定。以农药定量离子峰面积为纵坐标，农药标准溶液质量浓度为横坐标，绘制标准曲线。10 种农药标准溶液的气相色谱图见图 2-2。

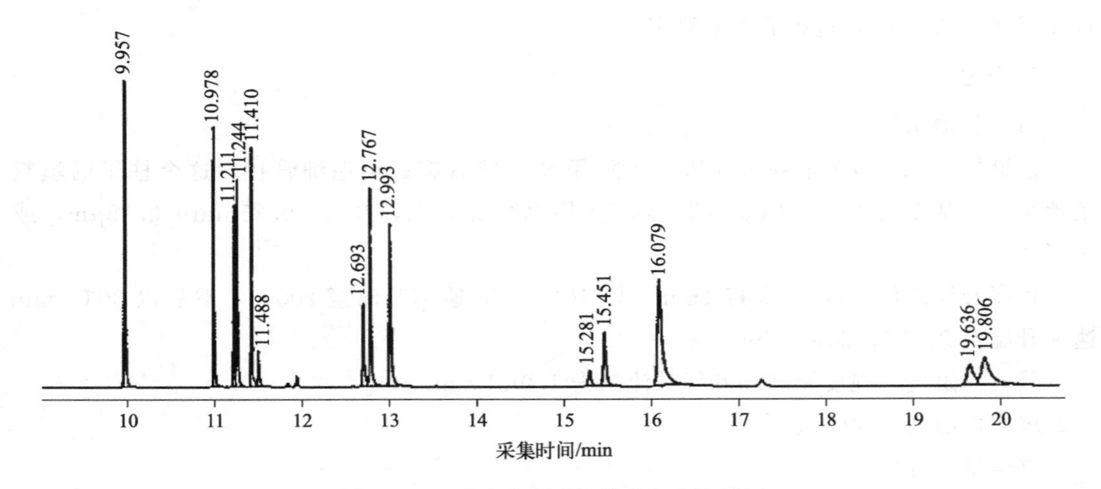


图 2-2　10 种农药标准溶液的气相色谱图

9.957min—抗蚜威；10.978min—三唑酮；11.211min—二甲戊灵；11.244min—氟虫腈；11.410min/11.488min—三唑醇；12.693min/12.767min—丙环唑；12.993min—戊唑醇；15.281min/15.451min—氯菊酯；16.079min—腈苯唑；19.636min/19.806min—苯醚甲环唑

（3）定性及定量

保留时间：被测试样中目标农药色谱峰的保留时间与相应标准色谱峰保留时间相比较，相对误差应在±2.5%以内。

定量离子、定性离子及子离子丰度比：在相同实验条件下进行样品测定时，如果检出的色谱峰的保留时间和标准样品一致，并且在扣除背景后的样品质谱图中，目标化合物的质谱定量和定性离子均出现，而且同一检测批次，对同一化合物，样品中目标化合物的定性离子占定量离子的相对丰度比与质量浓度相当的基质标准溶液相比，其相对偏差不超过表 2-3 规定的范围，这可以判定样品中存在目标农药。

定量方法：外标法。

**表 2-3　定性测定时相对离子丰度的最大允许偏差**

| 相对离子丰度 | ＞50% | 20%～50%（含） | 10%～20%（含） | ≤10% |
|---|---|---|---|---|
| 最大允许相对偏差 | ±20% | ±25% | ±30% | ±50% |

（4）试样溶液测定

将基质混合标准工作溶液和试样溶液依次注入气相色谱-质谱仪中，保留时间和定性离子定性，测得定量离子峰面积，待测溶液中农药的响应值应在仪器检测的定量测定线性范围内，超过线性范围时应根据测定浓度进行适当倍数稀释后再进行分析。

（5）空白试验

除不加试样外，按照前处理步骤的要求进行操作。

## 五、结果计算与表述

试样中被测农药残留量以质量分数 $X$ 表示，按式（2-4）计算。

$$X=\frac{V_1\times A\times V_3}{V_2\times A_s\times m}\times\rho \tag{2-4}$$

式中 $X$——试样中农药残留量，mg/kg；

$\rho$——基质标准溶液中农药的质量浓度，μg/mL；

$A$——样品溶液中被测农药的峰面积；

$A_s$——基质标准溶液中被测农药的峰面积；

$V_1$——提取溶剂总体积，mL；

$V_2$——吸取出用于检测的提取溶液体积，mL；

$V_3$——样品溶剂定容体积，mL；

$m$——试样的质量，g。

计算结果应扣除空白值，计算结果以重复性条件下获得的 2 次独立测定结果的算术平均值表示，保留两位有效数字，含量大于 1mg/kg 时，保留三位有效数字。

## 六、精密度

在重复性条件下，获得的两次独立测定结果的绝对差值不得超过重复性限（$r$），见表 2-4。

表 2-4 重复性限（$r$）

| 序号 | 中文名 | 英文名 | 重复性限（$r$） | | |
|---|---|---|---|---|---|
| | | | 0.01mg/kg | 0.1mg/kg | 0.5mg/kg |
| 1 | 抗蚜威 | pirimicarb | 0.0028 | 0.026 | 0.15 |
| 2 | 三唑酮 | triadimefon | 0.0031 | 0.024 | 0.12 |
| 3 | 二甲戊灵 | pendimethalin | 0.0030 | 0.034 | 0.13 |
| 4 | 氟虫腈 | fipronil | 0.0031 | 0.031 | 0.14 |
| 5 | 三唑醇 | triadimenol | 0.0039 | 0.032 | 0.12 |
| 6 | 丙环唑 | propiconazole | 0.0037 | 0.036 | 0.21 |
| 7 | 戊唑醇 | tebuconazole | 0.0031 | 0.031 | 0.12 |

续表

| 序号 | 中文名 | 英文名 | 重复性限（r） | | |
|---|---|---|---|---|---|
| | | | 0.01mg/kg | 0.1mg/kg | 0.5mg/kg |
| 8 | 氯菊酯 | permethrin | 0.0049 | 0.032 | 0.18 |
| 9 | 腈苯唑 | fenbuconazole | 0.0031 | 0.024 | 0.17 |
| 10 | 苯醚甲环唑 | difenoconazole | 0.0031 | 0.030 | 0.15 |

## 七、其他

本方法的定量限见表2-5。

表2-5　10种农药定量限

| 序号 | 农药中文名 | 英文名 | 定量限/（mg/kg） |
|---|---|---|---|
| 1 | 抗蚜威 | pirimicarb | 0.01 |
| 2 | 三唑酮 | triadimefon | 0.01 |
| 3 | 二甲戊灵 | pendimethalin | 0.01 |
| 4 | 氟虫腈 | fipronil | 0.01 |
| 5 | 三唑醇 | triadimenol | 0.01 |
| 6 | 丙环唑 | propiconazole | 0.01 |
| 7 | 戊唑醇 | tebuconazole | 0.01 |
| 8 | 氯菊酯 | permethrin | 0.01 |
| 9 | 腈苯唑 | fenbuconazole | 0.01 |
| 10 | 苯醚甲环唑 | difenoconazole | 0.01 |

## 八、注意事项

① 样品提取时加入盐会放热，可冷冻若干分钟再进行后续操作。

② 气相色谱-质谱仪工作时温度高，使用维护时避免烫伤。

③ 进样口衬管污染后需要及时更换，否则影响组分分离和峰形。

④ 质谱仪必须抽真空2～4h后，方可进行空气水检查，再做调谐。调谐通过后进行样品分析。

⑤ 质谱仪前级泵油需要定期检查，保持液面在合适区间，根据仪器工作时间长短，每半年至1年更换一次泵油。

⑥ 质谱仪真空放空，仪器系统降温至低于100℃后即可关机。

## 九、思考题

分散固相萃取和普通固相萃取比较有哪些异同点？

# 实验五　荧光分光光度法测定乳及乳制品中噻菌灵残留量

## 一、实验目的

① 理解荧光分光光度法测定噻菌灵的原理。

② 正确使用荧光分光光度计。

③ 熟悉荧光分光光度法测定噻菌灵的步骤。

## 二、实验原理

用氢氧化钾皂化试样中的脂肪，乙酸乙酯提取噻菌灵，再用盐酸溶液抽提乙酸乙酯提取液中噻菌灵，荧光分光光度法测定，外标法定量。

## 三、试剂与器材

### 1. 试剂与材料

除非另有说明，本方法所用试剂均为分析纯，水为GB/T 6682—2008规定的一级水。

① 氢氧化钾（KOH）。

② 盐酸（HCl）。

③ 乙酸乙酯（$CH_3COOCH_2CH_3$）。

④ 噻菌灵标准品：纯度≥99%。

### 2. 试剂配制

① 500g/L氢氧化钾溶液：称取50g氢氧化钾，加水溶解，冷却后定容至100mL，混匀。

② 0.5g/L氢氧化钾溶液：吸取500g/L氢氧化钾溶液1mL于1000mL容量瓶中，用水定容，混匀。

③ 0.1 mol/L盐酸溶液：量取0.83mL盐酸试剂于100mL容量瓶中，用水定容，混匀。

④ 噻菌灵标准溶液：精确称取适量噻菌灵标准品，用盐酸溶液配成浓度为0.1mg/mL的标准贮备液。根据需要再用盐酸溶液稀释成适当浓度的标准工作溶液。4℃保存。

### 3. 仪器设备

① 荧光分光光度计。

② 分析天平：感量0.01g和0.0001g。

③ 冷凝管。

④ 水浴锅。

⑤ 锥形瓶：100mL，具磨口。

⑥ 分液漏斗：125mL。

⑦ 容量瓶：10mL、100mL、1000mL。

## 四、实验方法

### 1. 试样制备

（1）皂化

称取乳或乳制品试样 10g（精确至 0.1g）于锥形瓶中，加入 7mL 氢氧化钾溶液（0.5g/L），接上冷凝管，在沸腾的水浴锅中回流皂化 40min，取下，冷却。

（2）提取

将皂化液移入分液漏斗中，用 10mL 水洗涤锥形瓶，洗液并入同一分液漏斗。加入 15mL 乙酸乙酯，振荡 1min，静置分层，将水层转入另一分液漏斗，用乙酸乙酯再提取一次，剧烈振摇 1min，静置分层。合并乙酸乙酯提取液。

（3）净化

将 20mL 氢氧化钾溶液（0.5g/L）加入乙酸乙酯提取液，剧烈振摇 1min，分层，弃水层。再加入 20mL 氢氧化钾溶液（0.5g/L）洗涤 1 次，弃水层。用 5mL 盐酸溶液提取乙酸乙酯层，重复提取 2 次。合并盐酸提取液，转移至 10mL 容量瓶中，用盐酸溶液定容至刻度，待测。

### 2. 试样测定

（1）荧光分光光度法测定条件

激发波长：307nm；发射波长：359nm。

（2）标准曲线的绘制

分别吸取 0.2mL、0.5mL、1.0mL、5.0mL 和 10.0mL 标准储备溶液至一组 10mL 容量瓶中，用盐酸溶液定容，荧光分光光度计测定荧光吸光度。以荧光吸光度为纵坐标，噻菌灵标准工作液浓度（μg/mL）为横坐标，绘制标准曲线。

（3）试样测定

取定容后的样液，同等条件下测定样液的荧光强度。从标准曲线上查得样液中噻菌灵浓度。

（4）空白试验

除不加试样外，均按上述测定步骤进行。

## 五、结果计算与表述

试样中噻菌灵的残留含量按式（2-5）计算：

$$X=\frac{c\times V\times 1000}{m\times 1000} \tag{2-5}$$

式中 $X$——试样中噻菌灵含量，mg/kg；

$c$——从标准曲线上查得的样液中噻菌灵的浓度，μg/mL；

$V$——定容后样液的体积，mL；

$m$——试样质量，g；

1000——单位换算系数。

计算结果需将空白值扣除，测定结果用平行测定的算术平均值表示，保留两位有效数字。

## 六、精密度

在重复性条件下获得的两次独立测定结果的绝对差值与其算术平均值的比值（百分率），应符合表 2-6 的要求。

表 2-6　实验室内重复性要求

| 被测组分含量/(mg/kg) | 精密度/% |
|---|---|
| ≤0.001 | 36 |
| >0.001～0.01 | 32 |
| >0.01～0.1 | 22 |
| >0.1～1.0 | 18 |
| >1.0 | 14 |

## 七、注意事项

① 本方法的定量限为 0.02mg/kg。

② 在实验前荧光分光光度计应通电预热 15min 左右。

③ 实验所用的样品池为四面透光的石英池，拿取时应手持池体上角部，不能接触到四个面，清洗样品池后应用擦镜纸对其四个面进行轻轻擦拭。

④ 测试样品时，注意荧光强度范围的设定不要太高，以免测得的荧光强度超过仪器的测定上限。

## 八、思考题

① 噻菌灵测定方法有哪些？

② 荧光分光光度法测定噻菌灵的原理是什么？

# 实验六　分子印迹固相萃取-液相色谱串联质谱法测定大豆中三嗪类除草剂

## 一、实验目的

① 了解分子印迹固相萃取技术。

② 理解分子印迹固相萃取-液相色谱串联质谱法测定三嗪类除草剂的原理。

③ 熟练操作液相色谱串联质谱仪。

## 二、基础知识

分子印迹技术（molecularly imprinted technology，MIT）也称分子模板技术，是指以特定的目标分子为模板，制备对该目标分子具有特异选择性的聚合物的过程。通过分子印迹技术合成的对特定目标分子及其结构类似物具有特异性识别和选择性吸附作用的聚合物称为分子印迹聚合物。

分子印迹固相萃取技术是近些年来逐渐发展起来的前处理技术，它是采用分子印迹聚合物为固相吸附材料，选择性吸附样品中目标物，再将目标物洗脱下来，以达到分离和检测目标物的目的。与传统的固相萃取技术相比，具有有机溶剂用量少、选择性高、稳定性好、抗恶劣环境等优势。

## 三、实验原理

样品中三嗪类除草剂经分子印迹固相萃取柱特异性吸附，洗脱后经液相色谱串联质谱法检测，外标法定量。

## 四、试剂与器材

### 1. 试剂与材料

除另有说明外，所用试剂均为分析纯，水为符合 GB/T 6682—2008 规定的一级水。

① 甲醇：色谱纯。

② 二氯甲烷：色谱纯。

③ 乙腈：色谱纯。

④ 甲酸：色谱纯。

⑤ 三嗪类除草剂分子印迹固相萃取柱：50mg，10mL，或相当者。用前依次用 1mL 甲醇，1mL 水预淋洗固相萃取柱，在此过程中注意防止填料表面干涸。

⑥ 标准品：莠去津、西玛津、特丁津、莠灭净，纯度≥98%。

⑦ 微孔针头滤膜：有机系，0.22μm。

### 2. 标准溶液配制

① 标准储备溶液（1mg/mL）：准确称取适量的各标准品（精确至 0.01mg），用乙腈溶解并定容，配制成浓度为 1mg/mL 的标准储备溶液，−18℃下避光保存。

② 混合标准工作溶液：根据需要，分别吸取适量标准储备溶液，用流动相稀释成适当浓度的混合标准工作溶液，置于 4℃保存。

### 3. 仪器设备

① 液相色谱串联质谱仪：配电喷雾离子源（ESI），或相当者。

② 酸式滴定管：25mL 或 50mL。

③ 电子天平：感量 0.01mg 和 0.01g。

④ 离心机：转速不低于 4000r/min。

⑤ 固相萃取装置：配有真空泵。

⑥ 氮吹仪。

⑦ 旋转蒸发仪。

⑧ 聚四氟乙烯离心管：50mL。

⑨ 鸡心瓶。

## 五、实验方法

### 1. 样品制备

称取10g（精确至0.01g）样品于聚四氟乙烯离心管中，加入乙腈40mL，涡旋3min，超声波提取10min，5000r/min离心5min，上清液转移至鸡心瓶中。样品残渣再次重复提取一次，合并提取液，于35℃下旋转浓缩至约1mL，氮气吹干，用二氯甲烷溶解残渣，定容至10mL。

注：也可按分子印迹固相萃取产品说明书操作。

### 2. 样品净化

按分子印迹固相萃取柱产品说明书操作。

### 3. 测定

（1）高效液相色谱（HPLC）参考条件

液相色谱柱：$C_{18}$，3.5μm，150mm×2.1mm或相当者。

柱温：30℃。

流动相：乙腈+0.1%甲酸水溶液，梯度比例见表2-7。

进样量：10.0μL。

流速：0.2mL/min。

表2-7 流动相梯度洗脱条件

| 时间/min | 乙腈/% | 0.1%甲酸水溶液/% |
|---|---|---|
| 0 | 20 | 80 |
| 7.0 | 90 | 10 |
| 9.0 | 90 | 10 |
| 10.1 | 20 | 80 |
| 16.0 | 20 | 80 |

（2）质谱参考条件

监测离子对及电压参数离子源：电喷雾离子源（ESI+）。

检测方式：多反应监测（MRM）。

毛细管电压：3.0kV。

离子源温度：120℃。

去溶剂温度：350℃。

锥孔气流：氮气，100L/h。

去溶剂气流：氮气，600L/h。

碰撞气压：氩气，$2.4\times10^{-5}$Pa。

定性离子对、定量离子对、锥孔电压、碰撞能量参见表2-8。

表 2-8 三嗪类除草剂的定性和定量离子对、锥孔电压、碰撞能量

| 物质名称 | 母离子($m/z$) | 子离子($m/z$) | 驻留时间/s | 锥孔电压/V | 碰撞能量/eV |
|---|---|---|---|---|---|
| 莠去津 | 216 | 174①<br>132 | 0.05<br>0.05 | 40 | 15<br>18 |
| 西玛津 | 202 | 132①<br>104 | 0.05<br>0.05 | 40 | 16<br>19 |
| 特丁津 | 230 | 132①<br>174 | 0.05<br>0.05 | 40 | 21<br>15 |
| 莠灭净 | 228 | 96①<br>186 | 0.05<br>0.05 | 40 | 21<br>16 |

①用于定量。

(3) 液相色谱串联质谱检测及确证

按照确定的液相色谱串联质谱条件测定样品和标准工作溶液，响应值均应在仪器检测的线性范围内，以色谱峰面积按外标法定量。

在相同仪器条件下，试样中待测物质的保留时间与标准工作溶液中对应的标准物质保留时间偏差在±2.5%之内，样品中待测组分的两个子离子的相对丰度与标准工作溶液相比，相对丰度允许偏差不超过表 2-9 规定的范围时，则可确定为样品中存在相应的目标化合物。

表 2-9 定性确证时相对离子丰度的最大允许偏差

| 相对离子丰度 | >50% | >20%~50% | >10%~20% | ≤10% |
|---|---|---|---|---|
| 最大允许相对偏差 | ±20% | ±25% | ±30% | ±50% |

(4) 空白试验

除不加试样外，均按上述步骤进行。

## 六、结果计算

试样中三嗪类除草剂的含量按式 (2-6) 计算：

$$X=\frac{A_1\times c\times V\times 1000}{A_2\times m\times 1000} \tag{2-6}$$

式中 $X$——试样中的三嗪类除草剂含量，mg/kg；

$A_1$——样液中待测物质的峰面积；

$A_2$——标准工作溶液中待测物质的峰面积；

$c$——标准工作溶液中待测物质的浓度，μg/mL；

$V$——样液最终定容体积，mL；

$m$——试样质量，g；

1000——单位换算系数。

计算结果需将空白值扣除。

## 七、其他

在重复性条件下获得的两次独立测试结果的绝对差值不得超过算术平均值的10%。

本方法莠去津、西玛津、特丁津、莠灭净的检出限均为0.005mg/mL。

## 八、思考题

① 分子印迹固相萃取-液相色谱串联质谱法测定三嗪类除草剂的原理是什么？

② 简述分子印迹技术及分子印迹固相萃取技术的定义。

# 第二节 食品中兽药残留检测技术

## 实验一 牛乳中四环素类兽药残留量检测方法

### 一、实验目的

① 了解液相色谱-串联质谱（LC-MS/MS）法测定四环素类兽药的意义和原理。

② 熟练使用液相色谱-质谱仪。

③ 掌握LC-MS/MS测定四环素类兽药的方法。

### 二、基础知识

四环素类抗生素（tetracyclines，TCs）是由放线菌产生的一类广谱抗生素，对革兰氏阳性及阴性细菌、细胞内支原体和部分厌氧菌都有很好的抗菌活性。TCs包括四环素（tetracycline，TET）、土霉素（oxytetracycline，OTC）、多西环素（doxycycline，DOX）、金霉素（chlortetracycline，CHLOR）、半合成衍生物甲烯土霉素、二甲胺基四环素等。由于具有广谱抗菌活性且价格低廉，TCs在畜禽和水产养殖中常被用于疾病的预防和治疗。许多国家对TCs残留实行监控，我国国家标准GB 31650—2019规定食品中四环素、土霉素、金霉素单个或组合限量为100～1200μg/kg。

### 三、实验原理

试样中残留四环素族抗生素用$Na_2$EDTA-Mcllvaine缓冲液（pH 4.0±0.05）提取，离心后上清液用HLB固相萃取柱净化，液相色谱-质谱仪测定，外标峰面积法定量。

## 四、试剂与器材

### 1. 试剂与材料

如无其他说明，所有试剂均为分析纯，水应符合GB/T 6682—2008规定的一级水。

① 甲醇（$CH_3OH$）：色谱纯。

② 乙腈（$C_2H_3N$）：色谱纯。

③ 乙酸乙酯（$C_4H_8O_2$）。

④ 乙二胺四乙酸二钠（$C_{10}H_{14}N_2Na_2O_8 \cdot 2H_2O$）。

⑤ 三氟乙酸（$C_2HF_3O_2$）。

⑥ 柠檬酸（$C_6H_8O_7 \cdot H_2O$）。

⑦ 磷酸氢二钠（$Na_2HPO_4$）。

⑧ 氢氧化钠。

⑨ 盐酸。

⑩ Oasis HLB固相萃取柱：60mg，3mL，或相当者。使用前分别用5mL甲醇和5mL水预处理，保持柱体湿润。

⑪ 标准物质：土霉素、四环素、金霉素、强力霉素，纯度均≥95%。

⑫ 微孔滤膜：0.22μm，有机相。

⑬ 氮气：纯度≥99.999%。

### 2. 溶液配制

① 柠檬酸溶液（0.1mol/L）：称取柠檬酸21.01g，用水溶解，转移至1000mL容量瓶中，定容至刻度。

② 磷酸氢二钠溶液（0.2mol/L）：称取磷酸氢二钠28.41g，用水溶解，转移至1000mL容量瓶中，定容至刻度。

③ Mcllvaine缓冲液：取1000mL柠檬酸溶液（0.1mol/L）和625mL磷酸氢二钠溶液（0.2mol/L），混合，用氢氧化钠或盐酸调节至pH 4.0。

④ $Na_2$EDTA-Mcllvaine缓冲液（0.1mol/L）：称取乙二胺四乙酸二钠60.5g，加入1625mL Mcllvaine缓冲液，溶解，摇匀备用。

⑤ 甲醇-水（体积比1∶19）：量取5mL甲醇和95mL水，混合。

⑥ 甲醇-乙酸乙酯（体积比1∶9）：量取10mL甲醇和90mL乙酸乙酯混合。

⑦ 三氟乙酸水溶液（10mmol/L）：准确吸取0.765mL三氟乙酸于1000mL容量瓶中，用水溶解并定容至刻度。

⑧ 甲醇-三氟乙酸水溶液（体积比1∶19）：量取5mL甲醇和95mL三氟乙酸水溶液，混合。

⑨ 标准储备液（100mg/L）：准确称取土霉素、四环素、金霉素、强力霉素各10.0mg，分别用甲醇溶解并定容至100mL，混匀，贮藏于棕色瓶中，−18℃保存。

⑩ 混合标准工作溶液：用甲醇-三氟乙酸溶液将标准储备溶液配制为适当浓度的混合标准工作溶液，现用现配。

3. 仪器设备

① 液相色谱-串联质谱仪，配有电喷雾离子源（ESI）。

② 电子天平：感量为 0.0001g 和 0.01g。

③ 冷冻离心机：转速不低于 5000r/min。

④ 超声波提取仪。

⑤ 涡旋振荡器。

⑥ 氮吹浓缩仪。

⑦ pH 计。

⑧ 容量瓶：100mL、1000mL。

⑨ 比色管：50mL。

⑩ 塑料离心管：50mL。

## 五、实验方法

1. 试样的制备

称取牛奶试样 5g（精确到 0.01g）于 50mL 比色管中，用 $Na_2$EDTA-Mcllvaine 缓冲液（0.1mol/L）溶解，并定容至 50mL，涡旋混合 2min，水浴超声提取 15min，转移至 50mL 塑料离心管中，冷却至 0～4℃，5000r/min 的转速离心 10min，待净化。

2. 净化

准确吸取 10mL 提取液过 HLB 固相萃取柱，待样液完全流出后，依次用 5mL 水、5mL 甲醇-水（体积比 1∶19）淋洗，弃去全部流出液。最后用 10mL 甲醇-乙酸乙酯（体积比 1∶9）洗脱。将洗脱液氮吹浓缩至干，用 1.0mL 甲醇-三氟乙酸水溶液（体积比 1∶19）溶解残渣，过 0.22μm 滤膜，待测定。

3. 仪器参考条件

（1）液相色谱参考条件

① 色谱柱：$C_{18}$ 柱，100mm×2.1mm（内径），1.7μm，或相当者。

② 流动相：甲醇-三氟乙酸溶液，洗脱梯度见表 2-10。

表 2-10　分离 4 种四环素类抗生素的液相色谱洗脱梯度

| 时间/min | 甲醇/% | 10mmol/L 三氟乙酸/% |
| --- | --- | --- |
| 0 | 5.0 | 95.0 |
| 5.0 | 30.0 | 70.0 |
| 10.0 | 33.5 | 66.5 |
| 12.0 | 65.0 | 35.0 |
| 17.5 | 65.0 | 35.0 |
| 18.0 | 5.0 | 95.0 |
| 25.0 | 5.0 | 95.0 |

③ 流速：0.3mL/min。

④ 柱温：30℃。

⑤ 进样量：30μL。

（2）质谱条件

① 离子化模式：电喷雾电离源（ESI+）。

② 质谱扫描方式：多反应监测（MRM）。

③ 分辨率：单位分辨率。

④ 雾化气（NEB）：6.0L/min（氮气）。

⑤ 气帘气（CUR）：10.0L/min（氮气）。

⑥ 电离电压（IS）：4500V。

⑦ 去溶剂温度（TEM）：500℃。

⑧ 去溶剂气流：7.0L/min（氮气）。

⑨ 碰撞气（CAD）：6.0L/min（氮气）。

⑩ 其他质谱参数见表2-11。

**表2-11 四环素类药物的主要参考质谱离子对、驻留时间和碰撞电压**

| 物质名称 | 母离子（$m/z$） | 子离子（$m/z$） | 驻留时间/ms | 碰撞电压/eV |
|---|---|---|---|---|
| 土霉素 | 461 | 426 | 50 | 27 |
| | | 443① | 50 | 21 |
| 四环素 | 445 | 410① | 50 | 29 |
| | | 427 | 50 | 19 |
| 金霉素 | 479 | 444① | 50 | 33 |
| | | 462 | 50 | 27 |
| 强力霉素 | 445 | 154 | 150 | 37 |
| | | 428① | 50 | 29 |

注：对于不同质谱仪器，仪器参数可能存在差异，测定前应将质谱参数优化到最佳。

①定量离子。

（3）定性测定

样品中待测组分色谱峰的保留时间与标准溶液相比变化范围在±2.5%之内。每种待测组分的质谱定性离子必须出现，应包括1个母离子和2个子离子，样品中目标化合物的定性离子的相对丰度与浓度接近的标准溶液相比，其允许偏差不超过表2-12规定的范围。

**表2-12 定性离子相对丰度的最大允许相对偏差**

| 相对离子丰度 | >50% | >20%~50% | >10%~20% | ≤10% |
|---|---|---|---|---|
| 最大允许相对偏差 | ±20% | ±25% | ±30% | ±50% |

（4）定量测定

将标准工作溶液和样品溶液等体积进样测定，标准工作溶液和样品溶液中待测组分的响应值均应在仪器的检测线性范围内，各种四环素类药物的参考保留时间如下：土霉素 1.54min、四环素 1.80min、金霉素 3.61min、强力霉素 4.54min。标准溶液的色谱图见图 2-3。

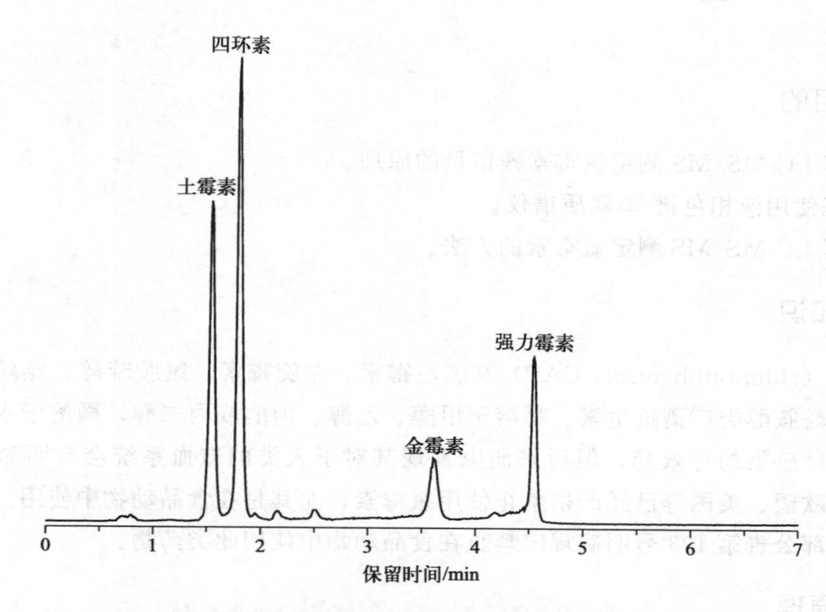


图 2-3　四环素类兽药标准溶液多反应监测（MRM）色谱图

## 六、结果计算

采用外标法定量，试样中四环素类抗生素含量按式（2-7）计算：

$$X=\frac{c\times V\times f\times 1000}{m\times 1000} \tag{2-7}$$

式中　$X$——试样中四环素类抗生素的含量，μg/kg；

$c$——试样溶液中四环素类抗生素的质量浓度，ng/mL；

$V$——试样定容体积，mL；

$f$——试样稀释倍数；

$m$——称取试样的质量，g；

1000——单位换算系数。

## 七、其他

① 本方法检出限为 50μg/kg。

② 在添加质量分数为 50～600μg/kg 时，回收率在 70%～110%，相对标准偏差小于 10%。

## 八、思考题

动物源性食品中四环素类兽药残留量的测定方法有哪些？

# 实验二　水产品中氯霉素残留量的测定

## 一、实验目的

① 了解 LC-MS/MS 测定氯霉素残留量的原理。

② 熟练使用液相色谱-串联质谱仪。

③ 掌握 LC-MS/MS 测定氯霉素的方法。

## 二、基础知识

氯霉素（chloramphenicol，CAP）又名左霉素、左旋霉素、氯胺苯醇、氯丝霉素，是一种典型的酰胺醇类广谱抗生素。易溶于甲醇、乙醇、丙酮或丙二醇，微溶于水。氯霉素曾是治疗细菌感染的特效药，但后来研究发现其对于人类的造血系统会有明显的毒副作用。因此，欧盟、美国等已经严格禁止使用氯霉素，尤其是在食品动物中使用。中华人民共和国农业部公告第 193 号明确规定禁止在食品动物中使用此类药物。

## 三、实验原理

在碱性条件下，样品中的氯霉素用乙酸乙酯提取，提取液旋转蒸干后，残渣用水溶解，经正己烷液液分配脱脂，液相色谱-串联质谱仪检测。

## 四、试剂与器材

### 1. 试剂与材料

如无其他说明，所有试剂均为分析纯，水应符合 GB/T 6682—2008 规定的一级水。

① 甲醇（$CH_3OH$）：色谱纯。

② 乙酸乙酯：优级纯。

③ 正己烷。

④ 氨水：25%～28%。

⑤ 无水硫酸钠。

⑥ 氯霉素标准物质：纯度≥99.5%。

⑦ 氘代氯霉素内标标准溶液：100μg/mL。

⑧ 微孔滤膜：0.22μm，有机相。

⑨ 氮气：纯度≥99.999%。

⑩ 水-乙腈（体积比 1∶1）。

### 2. 溶液配制

① 氯霉素标准储备液（100μg/mL）：准确称取氯霉素标准物质 10mg，用甲醇溶解并转移至 100mL 容量瓶中并定容至刻度。贮藏于−18℃。

② 中间浓度氯霉素标准溶液（1μg/mL）：准确吸取 1mL 氯霉素标准储备液于 100mL 容量瓶中，用甲醇稀释并定容至刻度，4℃保存。

③ 内标标准储备液（1μg/mL）：准确吸取 100μL 氘代氯霉素标准溶液于 10mL 容量瓶中，用甲醇稀释并定容至刻度。贮藏于－18℃。

④ 中间浓度内标溶液（20ng/mL）：准确吸取 1mL 内标标准储备液于 50mL 容量瓶中，用水稀释至刻度，4℃保存。

⑤ 基质标准工作溶液：取一定量的中间浓度氯霉素标准溶液和中间浓度内标溶液，用空白样品提取液配制成系列浓度的基质标准工作溶液。内标浓度为 0.3 ng/mL。实验当天配制。

3. 实验仪器

① 液相色谱-串联质谱仪：配有电喷雾离子源。

② 电子天平：感量为 0.0001g 和 0.01g。

③ 离心机：转速不低于 10000r/min。

④ 涡旋振荡器。

⑤ 旋转蒸发器。

⑥ 组织捣碎机。

⑦ 超声波清洗仪。

⑧ 50mL 塑料离心管。

⑨ 容量瓶：10mL、50mL。

⑩ 单通道移液器。

⑪ 鸡心瓶。

## 五、实验方法

### 1. 试样的制备

取水产品样品 500g，用组织捣碎机搅碎，转入洁净的容器，密封，－18℃保存。

### 2. 试样提取

称取约 5g（精确到 0.01g）试样于 50mL 塑料离心管中，加入 75μL 中间浓度内标溶液（20ng/mL），加入乙酸乙酯 30mL，氨水 0.9mL，无水硫酸钠 5g，涡旋均质提取 1min，10000r/min 离心 10min，上清液移至 50mL 塑料离心管，用乙酸乙酯定容至 50mL，涡旋混合 30s，10000r/min 离心 10min，移取 10mL 乙酸乙酯提取液于 25mL 鸡心瓶中，在 45℃旋转浓缩至干。

### 3. 净化

残渣用 3mL 水溶解，置于超声波清洗仪中超声 5min，加入 6mL 正己烷涡旋混匀，静置分层，弃掉正己烷层，移取 1mL 水相过 0.22μm 滤膜后，供液相色谱-串联质谱测定。

### 4. 色谱测定

（1）HPLC 参考条件

① 色谱柱：$C_{18}$ 柱，100mm×2.1mm（内径），1.7μm，或相当者。

② 流动相：水-乙腈（体积比 1∶1）。

③ 流速：0.3mL/min。

④ 柱温：40℃。

⑤ 进样量：20μL。

（2）质谱条件

① 离子源：电喷雾离子源。

② 扫描方式：负离子扫描。

③ 检测方式：多反应监测（MRM）。

④ 电喷雾电压：－1750V。

⑤ 雾化气、气帘气、辅助加热气、碰撞气均为高纯氮气及其他合适气体，使用前应调节各气体流量以使质谱灵敏度达到检测要求。

⑥ 辅助气温度：500℃。

⑦ 定性离子对、定量离子对、采集时间、去簇电压及碰撞能量见表 2-13。

**表 2-13　氯霉素和氘代氯霉素（氯霉素-$D_5$）的质谱参数**

| 被测物名称及内标名称 | 定性离子对（$m/z$） | 定量离子对（$m/z$） | 采集时间/ms | 去簇电压/V | 碰撞能量/V |
|---|---|---|---|---|---|
| 氯霉素 | 320.9/257.0 | 320.9/152.0 | 200 | －55 | －16 |
| | 320.9/152.0 | | | | －26 |
| 氘代氯霉素（氯霉素-$D_5$） | 326.0/157.0 | 326.0/157.0 | 200 | －55 | －26 |

（3）定性测定

氯霉素选择 1 个母离子，2 个以上子离子。样品中氯霉素和内标物的保留时间之比，与标准溶液中对应的相对保留时间偏差在±2.5%之内，且样品中氯霉素定性离子的相对丰度与浓度接近的标准溶液中对应的定性离子的相对丰度进行比较，若偏差不超过表 2-14 中规定的范围，则可判定样品中含有氯霉素。

**表 2-14　定性确证时相对离子丰度的最大允许相对偏差**

| 相对离子丰度 | >50% | >20%～50% | >10%～20% | ≤10% |
|---|---|---|---|---|
| 最大允许相对偏差 | ±20% | ±25% | ±30% | ±50% |

（4）定量测定

将基质标准工作溶液进样，以标准溶液中氯霉素峰面积和氘代氯霉素峰面积为纵坐标，标准溶液中氯霉素浓度与氘代氯霉素浓度的比值为横坐标，绘制标准工作曲线。用标准工作曲线对样品进行定量，样品溶液中的氯霉素的响应值应在仪器的线性范围内。氯霉素标准物质的 MRM 色谱图见图 2-4。

**5. 平行试验**

按照以上步骤，对同一试样进行平行试验测定。

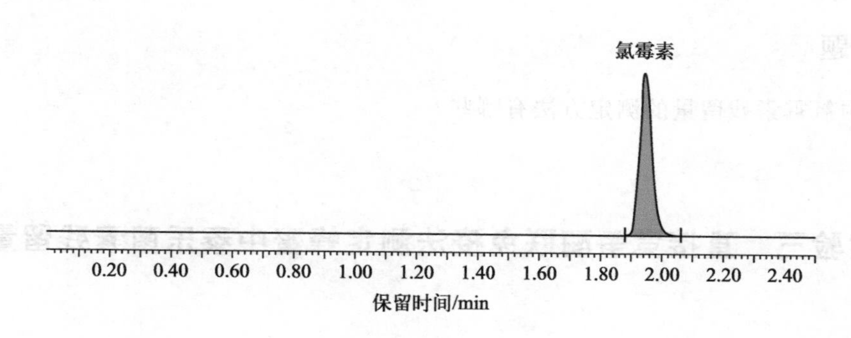


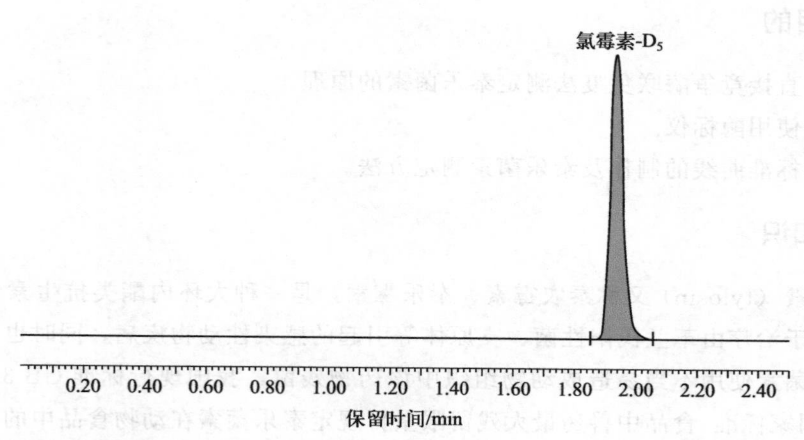


图 2-4 氯霉素和氘代氯霉素多反应监测（MRM）色谱图

## 六、结果计算

试样中氯霉素的含量按式（2-8）计算：

$$X=\frac{\rho \times V \times 1000}{m \times 1000} \times f \tag{2-8}$$

式中 $X$——试样中氯霉素的含量，μg/kg；

$\rho$——由标准曲线计算出进样液中氯霉素的浓度，ng/mL；

$V$——试样的最后定容体积，mL；

$m$——试样质量，g；

$f$——稀释倍数；

1000——单位换算系数。

## 七、其他

① 本方法检出限为 0.1μg/kg。

② 在添加质量浓度为 0.1～1.0μg/kg 时，回收率在 70%～120%。

③ 在重复性条件下获得的两次独立测定结果的绝对差值不得超过算术平均值的 20%。

## 八、思考题

食品中氯霉素残留量的测定方法有哪些?

# 实验三　直接竞争酶联免疫法测定蜂蜜中泰乐菌素残留量

## 一、实验目的

① 理解直接竞争酶联免疫法测定泰乐菌素的原理。

② 正确使用酶标仪。

③ 熟悉标准曲线的制作及泰乐菌素测定方法。

## 二、基础知识

泰乐菌素（tylosin）又称泰农霉素、泰乐霉素，是一种大环内酯类抗生素，在兽医临床上主要用于治疗由革兰氏阳性菌、支原体等引起的感染性动物疾病，同时也可作生长促进剂。泰乐菌素使用不当易造成动物组织中该药物残留，我国现行标准 GB 31650—2019《食品安全国家标准 食品中兽药最大残留限量》规定泰乐菌素在动物食品中的残留限量为 100μg/kg（牛、猪、鸡、火鸡等的靶组织中）和 300μg/kg（鸡蛋中）。

## 三、实验原理

本方法是基于抗原-抗体特异性结合反应和直接竞争酶联免疫吸附技术（图 2-5）。酶标板中包被有兔抗泰乐菌素抗体，加入泰乐菌素酶标记物和待测试样，游离的泰乐菌素酶标记物和试样中的泰乐菌素竞争性结合特异抗体，然后加入底物显色，颜色的深浅和样品中待测物质的浓度呈负相关。采用酶标仪在 450nm 波长处测定吸光值，根据标准曲线计算出试样中泰乐菌素含量。

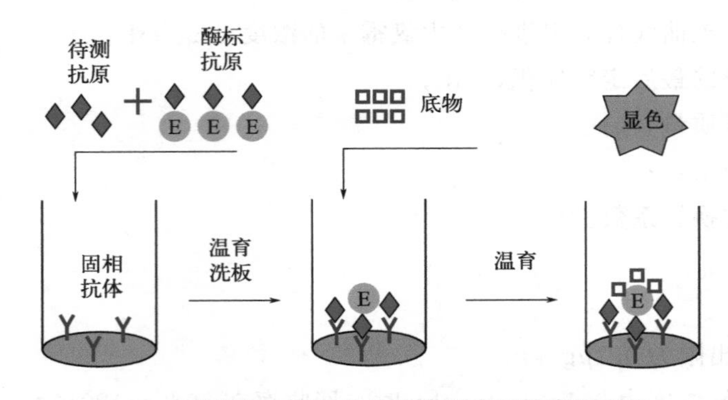


图 2-5　直接竞争酶联免疫法检测泰乐菌素原理图

## 四、试剂与器材

### 1. 试剂与材料

① 水应符合 GB/T 6682—2008 规定的一级水。

② 泰乐菌素 ELISA 试剂盒：96 孔板（12 条×8 孔），泰乐菌素标准溶液，标准和样品缓冲溶液（浓缩液），泰乐菌素酶标记物，酶标记物缓冲溶液，显色剂，终止反应液，洗涤溶液。

### 2. 溶液配制

① 缓冲溶液：将试剂盒中的标准和样品缓冲溶液按试剂盒说明书中规定的比例用水稀释，混匀后备用。

② 泰乐菌素标准工作溶液：根据试剂盒说明书进行稀释，将泰乐菌素标准工作溶液用缓冲溶液稀释成不同浓度的标准工作溶液，每次测定均应现配现用。

③ 泰乐菌素酶标记物溶液：根据说明书进行配制，用酶标记物缓冲溶液将泰乐菌素酶标记物溶解，混匀后备用。

④ 洗板工作溶液：将洗板溶液按说明书用水稀释，混匀后备用。

### 3. 实验仪器

① 酶标仪。

② 电子天平：感量 0.01g。

③ 离心机：转速 3000r/min 以上。

④ 涡旋振荡器。

⑤ 96 孔板混匀仪。

⑥ 八通道移液器。

⑦ 单通道移液器。

⑧ 离心管。

⑨ 针头式过滤器：带有孔径为 0.45μm 的水相针头式过滤膜。

⑩ 微孔架。

⑪ 容量瓶。

## 五、实验方法

### 1. 试样的制备

称取试样 1g（精确到 0.01g），置于 20mL 离心管中，加入 9mL 缓冲溶液，涡旋混匀 1min，使试样完全溶解，以 3000r/min 离心 10min，取上清液用针头式过滤器过滤，滤液用缓冲溶液定容至 10mL，供酶标仪测定。

注：也可以按试剂盒说明书要求进行样品制备。

### 2. 测定

（1）测定条件

所有操作在室温下进行，试剂盒所有试剂应回升至室温（20～24℃）后方可使用。

（2）试样测定

标记：然后将酶标条插入微孔架并做好标记，其中包括空白对照孔、标准液孔和样液孔，分别做2个或2个以上平行孔。

加样：分别吸取50μL泰乐菌素标准工作溶液和样品溶液等，依次加入各自的微孔底部。

孵育：每孔吸取100μL泰乐菌素酶标记物溶液，用封口膜密封孔口以防溶液挥发。将微孔板置于96孔板混匀仪上混合，避光孵育10min。

洗涤：倾倒微孔板中溶液，将微孔板扣在吸水纸上反复拍打，然后每孔加入250μL洗板工作溶液，反复洗涤3～5次。

显色：每孔迅速加入100μL底物显色剂，将微孔板置于混匀仪上混合，室温避光孵育10min。

终止反应：每孔加入100μL反应停止液，将微孔板置于混匀仪上混匀。

测定：将酶标板置于酶标仪中，在450nm处测定吸光值，加入反应停止液后应在60min内测定吸光度。

（3）空白试验

除不称取试样外，均按上述步骤进行。

（4）监控试验

每次测定时，均应做一个添加泰乐菌素标准溶液的显色剂样品。

注：也可以按试剂盒说明书要求进行样品测定。

## 六、结果计算

用获得的标准溶液和试样溶液与空白溶液吸光值的比值计算相对吸光度值，见式（2-9）：

$$\text{相对吸光度值}=\frac{B}{B_0}\times 100\% \tag{2-9}$$

式中　$B$——标准（试样）溶液的吸光度值；

$B_0$——空白溶液（浓度为0的标准溶液）的吸光度值。

以相对吸光度值为纵坐标（%），泰乐菌素标准工作溶液浓度（ng/mL）为横坐标，绘制标准工作曲线。从标准工作曲线上得到试样中泰乐菌素浓度后，结果按式（2-10）进行计算：

$$X=c\times\frac{V}{m}\times\frac{1000}{1000} \tag{2-10}$$

式中　$X$——试样中泰乐菌素残留量，μg/kg；

$c$——从标准工作曲线上得到的试样中泰乐菌素浓度，ng/mL；

$V$——定容后样液体积，mL；

$m$——试样质量，g；

1000——单位换算系数。

结果表示到小数点后两位。

注：计算结果应扣除空白值。

## 七、其他

本方法所述试剂、试剂盒信息及操作步骤是为给使用者提供方便，在使用本方法时不做限定。

## 八、注意事项

① 试剂应按标签说明书储存，使用前恢复至室温。

② 实验中不用的板条和试剂应立即放回包装袋中，密封 4℃保存，以免变质。

③ 测定中吸取不同的试剂和样品溶液时应更换枪头，以免交叉污染。

④ 加样时要避免加在孔壁上部，不可溅出，加入试剂的顺序应一致，以保证所有反应板孔温育的时间一样。

⑤ 洗涤酶标板时应充分拍干，不要将吸水纸直接放入酶标反应孔中吸水。

## 九、思考题

① 泰乐菌素测定方法有哪些？

② 直接竞争酶联免疫吸附法检测泰乐菌素的原理是什么？

# 第三节 食品中重金属测定技术

## 实验一 石墨炉原子吸收光谱法测定粮食中铅

## 一、实验目的

① 了解并掌握食品中铅的测定意义、原理及方法。

② 熟悉原子吸收光谱仪的工作原理及主要构成部件。

③ 熟练操作使用原子吸收光谱仪。

## 二、实验原理

试样经消解处理后，将消化液通过石墨炉原子化，在 283.3nm 处测定吸光度。在一定浓度范围内，铅的吸光度值与铅的含量成正比，通过与标准系列比较进行定量。

## 三、试剂与器材

### 1. 试剂

除非另有说明，本方法所用试剂均为优级纯，水为GB/T 6682—2008规定的二级水。

① 硝酸（$HNO_3$）。

② 高氯酸（$HClO_4$）。

③ 磷酸二氢铵（$NH_4H_2PO_4$）。

④ 硝酸钯［$Pd(NO_3)_2$］。

⑤ 硝酸铅［$Pb(NO_3)_2$，标准品，CAS号：10099-74-8］：纯度>99.99%。

### 2. 溶液的配制

① 硝酸溶液（5%）：量取50mL硝酸，缓慢加入水中，定容至1000mL，混匀。

② 硝酸溶液（10%）：量取50mL硝酸，缓慢加入水中，定容至500mL，混匀。

③ 磷酸二氢铵-硝酸钯溶液：称取0.02g硝酸钯于烧杯中，加少量10%的硝酸溶液溶解，再加入2g磷酸二氢铵溶解，用5%的硝酸溶液定容至100mL，混匀。

④ 铅标准储备液（1mg/mL）：准确称取1.5985g（精确至0.0001g）硝酸铅于烧杯中，用少量10%的硝酸溶液溶解，转移至1000mL容量瓶中，加水至刻度，混匀。

⑤ 铅标准中间液（1μg/mL）：准确吸取铅标准储备液（1mg/mL）0.1mL于100mL容量瓶中，加5%的硝酸溶液至刻度，混匀。

⑥ 铅标准系列溶液：分别吸取铅标准中间液（1μg/mL）0mL、0.05mL、0.1mL、0.2mL、0.3mL、0.4mL和0.5mL于10mL容量瓶中，加5%的硝酸溶液至刻度，混匀。此铅标准系列溶液的质量浓度分别为0ng/mL、5ng/mL、10ng/mL、20ng/mL、30ng/mL、40ng/mL和50ng/mL。

### 3. 仪器设备

① 原子吸收光谱仪：配石墨炉原子化器，附铅空心阴极灯。

② 分析天平：感量0.1mg和1mg。

③ 可调式电热板。

④ 微波消解系统：配聚四氟乙烯消解内罐。

⑤ 恒温干燥箱。

⑥ 压力消解罐：配聚四氟乙烯消解内罐。

⑦ 容量瓶：10mL、100mL、500mL、1000mL。

⑧ 粉碎机。

⑨ 移液器和移液管。

## 四、实验方法

### 1. 试样制备

粮食和豆类样品应先去除杂物，然后粉碎存储于塑料瓶中备用。

**2. 试样前处理**

（1）微波消解

称取 0.2～0.8g（精确至 0.001g）固体试样于微波消解罐中，加入 5mL 硝酸，按照表 2-15 的消解条件进行消解。冷却完成后取出消解罐，在电热板上于 140～160℃赶酸至 1mL 左右。待消解罐冷却后，再将消化液转移至 10mL 容量瓶中，用少量水洗涤消解罐 2～3 次，然后合并洗涤液于容量瓶中并用水定容至刻度，混匀备用。同时做试剂空白试验。

**表 2-15　微波消解升温程序**

| 步骤 | 设定温度/℃ | 升温时间/min | 恒温时间/min |
| --- | --- | --- | --- |
| 1 | 120 | 5 | 5 |
| 2 | 160 | 5 | 10 |
| 3 | 180 | 5 | 10 |

（2）压力罐消解

称取 0.2～1g（精确至 0.001g）固体试样于消解内罐中，加入 5mL 硝酸，盖好内盖，旋紧不锈钢外套，放入恒温干燥箱，于 140～160℃下保持 4～5h，冷却后缓慢旋松外罐，取出消解内罐，放在可调式电热板上于 140～160℃赶酸至 1mL 左右。冷却后将消化液转移至 10mL 容量瓶中，用少量水洗涤内罐和内盖 2～3 次，合并洗涤液于容量瓶中并用水定容至刻度，混匀备用。同时做试剂空白试验。

**3. 测定**

（1）仪器参考条件

波长 283.3nm，狭缝为 0.5nm，灯电流 8～12mA，干燥温度为 85～120℃，时间为 40～50s，灰化温度为 750℃，灰化时间为 20～30s，原子化温度为 2300℃，时间为 4～5s。

（2）标准曲线的制作

分别将 10μL 铅标准系列溶液（质量浓度由低到高）和 5μL 磷酸二氢铵-硝酸钯溶液同时注入石墨炉，原子化后测定其吸光度值，然后以质量浓度为横坐标，吸光度值为纵坐标，制作标准曲线。

（3）空白液及样液的测定

在相同的仪器条件下，将 10μL 空白溶液或试样溶液与 5μL 磷酸二氢铵-硝酸钯溶液同时注入石墨炉中，原子化后测定其吸光度值，与标准系列比较定量。

## 五、结果计算

试样中铅的含量按式（2-11）计算：

$$X=\frac{(\rho-\rho_0)\times V\times 1000}{m\times 1000\times 1000} \tag{2-11}$$

式中　$X$——试样中铅的含量，mg/kg；

$\rho$——试样溶液中铅的质量浓度，ng/mL；

$\rho_0$——空白溶液中铅的质量浓度，ng/mL；

$V$——试样消化液的定容体积，mL；

$m$——试样称样量，g；

1000——单位换算系数。

当铅含量≥1.00mg/kg时，计算结果保留三位有效数字；当铅含量<1.00mg/kg时，计算结果保留两位有效数字。

## 六、精密度

在重复性条件下获得的两次独立测定结果的绝对差值不得超过算术平均值的20%。

## 七、注意事项

① 在采样和试样制备过程中，应避免试样污染。

② 所有玻璃器皿及聚四氟乙烯消解内罐均需用硝酸溶液（16.67%）浸泡过夜，用自来水反复冲洗，最后用水冲洗干净。

③ 湿法消解在消解过程中会产生大量酸雾，因此应在通风橱中操作。

④ 石墨炉原子吸收法测定铅含量时，背景吸收严重，原子化时非原子吸收信号极强而难以得到铅的吸收信号，从而影响测定结果，因此需要选择磷酸二氢铵和硝酸钯作基体改进剂，以此增加灵敏度。

⑤ 样品消解时，注意高温，避免烫伤。

## 八、思考题

① 为什么所有玻璃器皿及聚四氟乙烯消解内罐均需用硝酸溶液（16.67%）浸泡过夜，用自来水反复冲洗，最后用水冲洗干净？

② 在标准系列溶液的测定中，为什么要按溶液质量浓度由低到高的顺序进行测定？

# 实验二　石墨炉原子吸收光谱法测定大米中镉

## 一、实验目的

① 掌握石墨炉原子吸收光谱法测定镉的原理及方法。

② 了解食品中镉的测定意义。

③ 熟悉使用原子吸收分光光度计的方法。

## 二、实验原理

试样经灰化或酸消解后，注入一定量样品消化液于原子吸收分光光度计石墨炉中，电热原子化后吸收228.8nm共振线，在一定浓度范围内，其吸光度值与镉含量成正比，采用标准曲线法定量。

## 三、试剂与器材

### 1.试剂与材料

除非另有说明，本方法所用试剂均为分析纯，水为GB/T 6682—2008规定的二级水。

① 硝酸（$HNO_3$）：优级纯。

② 盐酸（HCl）：优级纯。

③ 高氯酸（$HClO_4$）：优级纯。

④ 过氧化氢（$H_2O_2$，30%）。

⑤ 磷酸二氢铵（$NH_4H_2PO_4$）。

⑥ 金属镉（Cd）标准品，纯度为99.99%或经国家认证并授予标准物质证书的标准物质。

### 2.试剂配制

① 硝酸溶液（1%，体积分数）：取10mL硝酸缓慢加入100mL水中，稀释至1000mL。

② 盐酸溶液（50%，体积分数）：取100mL盐酸慢慢加入100mL水中，混匀。

③ 硝酸-高氯酸混合溶液（体积比9∶1）：取90mL硝酸与10mL高氯酸混合。

④ 磷酸二氢铵溶液（10g/L）：称取10.0g磷酸二氢铵，用100mL硝酸溶液（1%）溶解后移入1000mL容量瓶，用硝酸溶液（1%）定容至刻度。

⑤ 镉标准储备液（1mg/mL）：准确称取100mg金属镉标准品（精确至0.0001g）于小烧杯中，分次加2mL盐酸溶液（50%）溶解，加1滴硝酸，移入100mL容量瓶中，用水定容至刻度，混匀。

⑥ 镉标准使用液（100ng/mL）：吸取镉标准储备液1mL于100mL容量瓶中，用硝酸溶液（1%）定容至刻度，如此经多次稀释，配制成浓度为100ng/mL的镉标准使用液。

⑦ 镉标准曲线工作液：准确吸取镉标准使用液0mL、0.5mL、1mL、2mL、4mL、6mL和8mL于100mL容量瓶中，用硝酸溶液（1%）定容至刻度，即得到镉含量分别为0ng/mL、0.5ng/mL、1ng/mL、2ng/mL、4ng/mL、6ng/mL和8ng/mL的标准系列溶液。

注：所用玻璃仪器均需以硝酸溶液（20%）浸泡24h以上，用水反复冲洗，最后用去离子水冲洗干净。

### 3.实验仪器

① 原子吸收分光光度计，附石墨炉。

② 镉空心阴极灯。

③ 电子天平：感量为0.1mg和1mg。

④ 可调温式电热板。

⑤ 恒温干燥箱。

⑥ 微波消解系统：配聚四氟乙烯或其他合适的压力罐。

⑦ 容量瓶：10mL、25mL、100mL、1000mL。

⑧ 移液管和移液器。

⑨ 粉碎机。

## 四、实验方法

### 1. 试样制备

大米样品去除杂质，磨碎成均匀样品，颗粒度不大于 0.425mm，备用。

### 2. 试样消解

可根据实验室条件选用以下任何一种方法。

（1）微波消解

称取干试样 0.3～0.5g（精确至 0.0001g）置于微波消解罐中，加 5mL 硝酸和 2mL 过氧化氢。微波消化程序可以根据仪器型号调至最佳条件。消解完毕，待消解罐冷却后打开，消化液呈无色或淡黄色，加热赶酸至近干，用少量硝酸溶液（1%）冲洗消解罐 3 次，将溶液转移至 10mL 或 25mL 容量瓶中，并用硝酸溶液（1%）定容至刻度，混匀备用。同时做试剂空白试验。

（2）湿式消解法

称取干试样 0.3～0.5g（精确至 0.0001g）于锥形瓶中，放数粒玻璃珠，加 10mL 硝酸-高氯酸混合溶液（体积比 9∶1），加盖浸泡过夜，加一小漏斗在电热板上消化，若变棕黑色，再加硝酸，直至冒白烟，消化液呈无色透明或略带微黄色，放冷后将消化液洗入 10mL 或 25mL 容量瓶中，用少量硝酸溶液（1%）洗涤锥形瓶 3 次，洗液合并于容量瓶中并用硝酸溶液（1%）定容至刻度，混匀备用。同时做试剂空白试验。

注：实验要在通风良好的通风橱内进行。

### 3. 测定

（1）仪器参考条件

原子吸收分光光度计：附石墨炉及镉空心阴极灯。

波长 228.8nm，狭缝 0.2～1.0nm，灯电流 2～10mA。干燥温度 105℃，干燥时间 20s；灰化温度 400～700℃，灰化时间 20～40s；原子化温度 1300～2300℃，原子化时间 3～5s。背景校正为氘灯或塞曼效应。

（2）标准曲线的制作

将镉标准曲线工作液按浓度由低到高的顺序各取 20μL 注入石墨炉，测其吸光度值，以其质量浓度为横坐标，相应的吸光度值为纵坐标，绘制标准曲线，得出一元线性回归方程。

（3）试样溶液的测定

在相同的实验条件下，吸取样品消化液 20μL（可根据使用仪器选择最佳进样量），注入石墨炉，测其吸光度值。代入一元线性回归方程中求试样消化液中镉的含量。若测定结果超出标准曲线范围，用硝酸溶液（1%）稀释后再行测定。

（4）基体改进剂的使用

对有干扰的试样，和样品消化液一起注入 5μL 基体改进剂磷酸二氢铵溶液（10g/L），绘制标准曲线时也要加入与试样测定时等量的基体改进剂。

## 五、结果计算

试样中镉的含量按式（2-12）进行计算。

$$X=\frac{(c_1-c_0)\times V\times 1000}{m\times 1000\times 1000} \tag{2-12}$$

式中　$X$——试样中镉含量，mg/kg；

$c_1$——试样消化液中镉含量，ng/mL；

$c_0$——空白液中镉含量，ng/mL；

$V$——试样消化液定容总体积，mL；

$m$——试样质量，g；

1000——单位换算系数。

以重复性条件下获得的两次独立测定结果的算术平均值表示，结果保留两位有效数字。

## 六、注意事项

① 在重复性条件下获得的两次独立测定结果的绝对差值不得超过算术平均值的20%。

② 方法检出限为0.001mg/kg，定量限为0.003mg/kg。

③ 所用玻璃仪器均须以硝酸溶液（20%）浸泡 24h 以上，用水反复冲洗，最后用去离子水冲洗干净。

④ 试样消解时注意高温，避免烫伤。

## 七、思考题

① 食品中镉的测定意义是什么？

② 所有的玻璃器皿为什么需要用硝酸溶液（20%）浸泡 24h 以上？

# 实验三　原子荧光光谱法测定果蔬中总汞

## 一、实验目的

① 理解并掌握食品中总汞含量的测定原理及方法。

② 了解原子荧光光谱仪的工作原理及主要构成部件。

③ 熟练操作使用原子荧光光谱仪。

## 二、实验原理

试样经酸加热消解后，在酸性介质中，试样中的汞被硼氢化钾或硼氢化钠还原成原子态汞，由载气（氩气）带入原子化器中，在特制汞空心阴极灯照射下，基态汞原子被激发至高能态，在由高能态回到基态时，发射出特征波长的荧光，其荧光强度与汞含量成正比，外标法定量。

## 三、试剂与器材

### 1. 试剂

除非另有说明，本方法所用试剂均为分析纯，水为GB/T 6682—2008规定的一级水。

① 硝酸（$HNO_3$）。

② 重铬酸钾（$K_2Cr_2O_7$）。

③ 氯化汞（标准品，$HgCl_2$，CAS号：7487-94-7，纯度≥99%）。

④ 氢氧化钾（KOH）。

⑤ 硼氢化钾（$KBH_4$）。

### 2. 溶液的配制

① 硝酸溶液（10%）：量取50mL硝酸，缓缓加入水中，定容至500mL，混匀。

② 硝酸溶液（5%）：量取50mL硝酸，缓缓加入水中，定容至1000mL，混匀。

③ 重铬酸钾的硝酸溶液（0.5g/L）：称取0.5g重铬酸钾，用硝酸溶液（5%）溶解并定容至1000mL，混匀。

④ 氢氧化钾溶液（5g/L）：称量5.0g氢氧化钾，用纯水溶解，并定容至1000mL，混匀，备用。

⑤ 硼氢化钾溶液（5g/L）：称量5.0g硼氢化钾，用氢氧化钾溶液（5g/L）溶解，并定容至1000mL，混匀，现配现用。悬挂在仪器上，与试样一起进机混合后测定。

### 3. 标准溶液的配制

① 汞标准储备液（1mg/mL）：准确称取0.1354g氯化汞，用重铬酸钾的硝酸溶液（0.5g/L）溶解并转移至100mL容量瓶中，稀释并定容至刻度，混匀。4℃避光保存。

② 汞标准中间液（10μg/mL）：准确吸取1mL汞标准储备液（1mg/mL）于100mL容量瓶中，用重铬酸钾的硝酸溶液（0.5g/L）稀释并定容至刻度，混匀。4℃避光保存。

③ 汞标准使用液（50ng/mL）：准确吸取0.5mL汞标准中间液（10μg/mL）于100mL容量瓶中，用重铬酸钾的硝酸溶液（0.5g/L）稀释并定容至刻度，混匀。现用现配。

④ 汞标准系列溶液：分别吸取汞标准使用液（50.0ng/mL）0mL、0.1mL、0.5mL、1mL、2mL、4mL、6mL、8mL于50mL容量瓶中，用硝酸溶液（10%）稀释并定容至刻度，混匀，此汞标准系列溶液的浓度为0ng/mL、0.1ng/mL、0.5ng/mL、1ng/mL、2ng/mL、4ng/mL、6ng/mL、8ng/mL。该试剂临用现配。

### 4. 仪器

① 原子荧光光谱仪：配汞空心阴极灯。

② 电子天平：感量为 0.01mg、0.1mg 和 1mg。

③ 微波消解系统。

④ 控温电热板（50～200℃）。

⑤ 匀浆机。

⑥ 容量瓶：25mL、50mL、100mL、500mL、1000mL。

⑦ 移液器及移液管。

## 四、实验方法

### 1. 试样预处理

蔬菜、水果、肉类等新鲜样品，洗净晾干，取可食部分匀浆，装入洁净聚乙烯瓶中，密封，于 2～8℃冰箱冷藏备用。

### 2. 试样消解

微波消解法：称取固体试样 0.2～0.5g 于消解罐中，加入 5～8mL 硝酸，加盖放置 1h，旋紧罐盖，按照表 2-16 操作步骤进行消解。冷却后取出，缓慢打开罐盖排气，用少量水冲洗内盖，将消解罐放在控温电热板上，80℃下加热赶去棕色气体，取出消解内罐，将消化液转移至 25mL 容量瓶中，用少量水分 3 次洗涤内罐，洗涤液合并转移至容量瓶中，定容至刻度，混匀备用。同时做空白试验。

**表 2-16　微波消解升温程序**

| 步骤 | 设定温度/℃ | 升温时间/min | 恒温时间/min |
|---|---|---|---|
| 1 | 120 | 5 | 5 |
| 2 | 160 | 5 | 10 |
| 3 | 190 | 5 | 25 |

### 3. 测定

（1）仪器参考条件

根据各自仪器性能调至最佳状态。

光电倍增管负高压：240V；汞空心阴极灯电流：30mA；原子化器温度：200℃；载气流速：500mL/min；屏蔽气流速：1000mL/min。

（2）标准曲线的制作

设定好仪器最佳条件后，连续用硝酸溶液（10%）进样，待读数稳定之后，将汞标准曲线工作液按浓度由低到高的顺序注入仪器，测定其荧光强度，以汞的质量浓度为横坐标，荧光强度为纵坐标，绘制标准曲线，求出一元线性回归方程。

（3）空白液及样液的测定

在相同的实验条件下，先用硝酸溶液（10%）进样，使读数基本回零，再分别测定处理好的空白溶液和试样溶液。

## 五、结果计算

试样中汞含量按式（2-13）计算：

$$X=\frac{(\rho-\rho_0)\times V\times 1000}{m\times 1000} \tag{2-13}$$

式中　$X$——试样中汞的含量，μg/kg；

$\rho$——试样溶液中汞含量，ng/mL；

$\rho_0$——空白液中汞含量，ng/mL；

$V$——试样消化液定容总体积，mL；

$m$——试样称样量，g；

1000——换算系数。

当汞含量≥1.0mg/kg 时，计算结果保留三位有效数字；当汞含量＜1.0mg/kg 时，计算结果保留两位有效数字。

## 六、其他

在重复性条件下获得的两次独立测定结果的绝对差值不得超过算术平均值的 20%。

## 七、注意事项

① 玻璃器皿及聚四氟乙烯消解内罐均须以硝酸溶液（20%）浸泡 24h，用自来水反复冲洗，最后用一级水冲洗干净。

② 在测不同的试样之前都应先清洗进样器。

③ 仪器管路使用完毕后要及时清洗。

## 八、思考题

① 食品中汞测定的意义是什么，汞的化合物有哪些？

② 试样预处理中为什么采用聚乙烯瓶储存样品？

# 实验四　银盐法测定水产品中总砷

## 一、实验目的

① 理解并掌握银盐法测定水产品中总砷的原理及方法。

② 了解砷在水产品中的存在情况以及对人体健康的影响。

## 二、实验原理

试样经消化后，以碘化钾、氯化亚锡将高价砷还原为三价砷，然后与锌粒和酸产生的新生态氢生成砷化氢，经银盐溶液吸收后，形成红色胶态物，与标准系列比较定量。

## 三、试剂与器材

### 1. 试剂与材料

除非另有说明，本方法所用试剂均为分析纯，水为GB/T 6682—2008规定的一级水。

① 硝酸（$HNO_3$）。

② 硫酸（$H_2SO_4$）。

③ 盐酸（HCl）。

④ 高氯酸（$HClO_4$）。

⑤ 三氯甲烷（$CHCl_3$）。

⑥ 二乙基二硫代氨基甲酸银［$(C_2H_5)_2NCS_2Ag$］。

⑦ 氯化亚锡（$SnCl_2$）。

⑧ 碘化钾（KI）。

⑨ 乙酸铅（$C_4H_6O_4Pb \cdot 3H_2O$）。

⑩ 三乙醇胺（$C_6H_{15}NO_3$）。

⑪ 无砷锌粒。

⑫ 氢氧化钠（NaOH）。

⑬ 乙酸（$CH_3COOH$）。

⑭ 三氧化二砷（$As_2O_3$）标准品：纯度≥99.5%。

⑮ 脱脂棉。

### 2. 试剂配制

① 硝酸-高氯酸混合溶液（体积比4∶1）：量取80mL硝酸，加入20mL高氯酸，混匀。

② 碘化钾溶液（150g/L）：称取15g碘化钾，加水溶解并定容至100mL，贮存于棕色瓶中。

③ 酸性氯化亚锡溶液（400g/L）：称取40g氯化亚锡，加盐酸溶解并定容至100mL，加入数颗金属锡粒。

④ 盐酸溶液（50%）：量取100mL盐酸，缓缓加入100mL水中，混匀。

⑤ 乙酸铅溶液（100g/L）：称取11.7g乙酸铅（$C_4H_6O_4Pb \cdot 3H_2O$），用水溶解，加入1～2滴乙酸，用水稀释定容至100mL。

⑥ 乙酸铅棉花：用乙酸铅溶液（100g/L）浸透脱脂棉后，压除多余溶液，并使之疏松，在100℃以下干燥后，贮存于玻璃瓶中。

⑦ 氢氧化钠溶液（200g/L）：称取20g氢氧化钠，用水溶解并定容至100mL。

⑧ 硫酸溶液（6%）：量取6.0mL硫酸，慢慢加入80mL水中，冷却后用水定容至100mL。

⑨ 二乙基二硫代氨基甲酸银-三乙醇胺-三氯甲烷溶液（银盐溶液）：称取0.25g二乙基二硫代氨基甲酸银置于乳钵中，加少量三氯甲烷研磨，移入100mL量筒中，加入

1.8mL三乙醇胺，再用三氯甲烷分次洗涤乳钵，洗涤液一并移入量筒中，用三氯甲烷稀释定容至100mL，放置过夜。滤入棕色瓶中贮存。

**3. 标准溶液的配制**

① 砷标准储备液（100mg/L，按As计）：准确称取于100℃干燥2h的三氧化二砷0.132g，加5mL氢氧化钠溶液（200g/L）使其溶解，然后加25mL硫酸溶液（6%），移入1000mL容量瓶中，用新煮沸冷却的水定容至刻度，贮存于棕色玻璃瓶中。4℃避光保存。保存期1年。

② 砷标准使用液（1mg/L，按As计）：吸取1mL砷标准储备液（100mg/L）于100mL容量瓶中，加1mL硫酸溶液（6%），加水稀释至刻度。现用现配。

**4. 仪器设备**

① 分光光度计。

② 电子天平：感量为0.1mg和1mg。

③ 可调式加热板。

④ 容量瓶：50mL、100mL、1000mL。

⑤ 定氮瓶：250mL。

⑥ 1cm比色皿。

⑦ 玻璃珠。

⑧ 测砷装置：见图2-6。

150mL锥形瓶：19号标准口。

导气管：管口19号标准口或经碱处理后洗净的橡皮塞与锥形瓶密合时不应漏气。

吸收管：10mL刻度离心管作吸收管用。

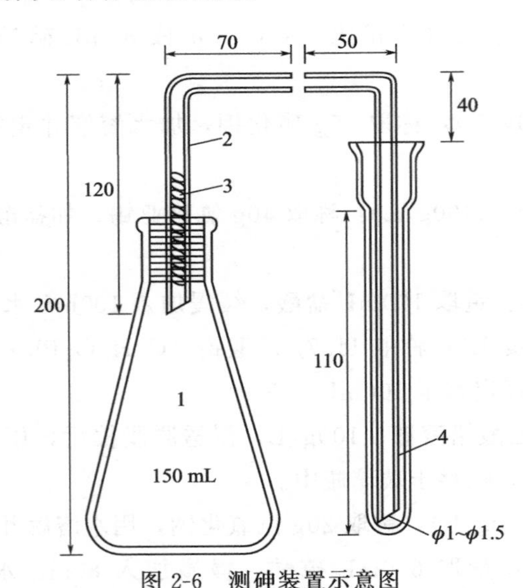


图2-6 测砷装置示意图

1—150mL锥形瓶；2—导气管；3—乙酸铅棉花；4—10mL刻度离心管

图中长度单位均为mm

## 四、实验方法

### 1. 试样预处理

取新鲜水产样品，洗净晾干，取可食部分匀浆，装入洁净聚乙烯瓶中，密封，于 4℃冰箱冷藏备用。

### 2. 试样溶液制备（硝酸-高氯酸-硫酸法）

称取试样 5.0g（精确至 0.001g）于 250mL 定氮瓶中，加数粒玻璃珠，加 5mL 硝酸-高氯酸混合液，混匀。沿瓶壁加入 5mL 硫酸，加热，瓶中液体开始变成棕色时，不断沿瓶壁滴加硝酸-高氯酸混合液至有机质分解完全。加大火力，至产生白烟，待瓶口白烟冒净后，瓶内液体再产生白烟为消化完全，该溶液应澄清透明无色或微带黄色，放冷（在操作过程中应注意防止暴沸或爆炸）。加 20mL 水煮沸，除去残余的硝酸至产生白烟为止，如此处理两次，放冷。将冷却后的溶液移入 50mL 容量瓶中，用水洗涤定氮瓶，洗涤液并入容量瓶中，放冷，加水至刻度，混匀。按同一方法做空白试验。

### 3. 分析步骤

① 吸取一定量的消化后的定容试样溶液（相当于 5g 试样）及同量的试剂空白液，分别置于 150mL 锥形瓶中，补加硫酸至总量为 5mL，加水至 50mL。

② 分别吸取 0mL、1mL、2mL、4mL、6mL、8mL、10mL 砷标准使用液（相当于 0μg、1μg、2μg、4μg、6μg、8μg、10μg）置于 100mL 锥形瓶中，加水至 40mL，再加 10mL 盐酸溶液（50%）。

③ 于试样消化液、试剂空白液及砷标准溶液中各加 3mL 碘化钾溶液（150g/L）、0.5mL 酸性氯化亚锡溶液（400g/L），混匀，静置 15min。各加入 3g 锌粒，立即分别塞上装有乙酸铅棉花的导气管，并使管尖端插入盛有 4mL 银盐溶液的离心管中的液面下，在常温下反应 45min 后，取下离心管，加三氯甲烷补足 4mL。用 1cm 比色皿，以零管调节零点，于波长 520nm 处测吸光度，绘制标准曲线。

## 五、结果计算

试样中总砷含量按式（2-14）计算：

$$X=\frac{(A_1-A_2)\times V_1\times 1000}{m\times V_2\times 1000\times 1000} \tag{2-14}$$

式中 $X$——试样中砷的含量，mg/kg；

$A_1$——试样消化液中砷的质量浓度，ng/mL；

$A_2$——试剂空白液中砷的质量浓度，ng/mL；

$V_1$——试样消化液的总体积，mL；

$V_2$——测定用试样消化液的体积，mL；

$m$——试样质量，g；

1000——单位换算系数。

计算结果保留两位有效数字。

## 六、注意事项

① 配制好的试剂及消解好的样液应盛装在硬质玻璃瓶或聚乙烯瓶中。

② 所用玻璃器皿均需以硝酸溶液（20%）浸泡 24h，用水反复冲洗，最后用去离子水冲洗干净。

③ 酸的用量及锌粒的规格、大小对结果均有影响，锌粒不宜太细，以免反应太激烈。

## 七、思考题

① 砷在食品中主要以什么形式存在，其对人体有哪些影响？

② 酸性氯化亚锡溶液中加入金属锌粒的作用是什么？

# 第四节　食品中生物毒素检测技术

## 实验一　高效液相色谱法测定水果制品中展青霉素

### 一、实验目的

① 了解高效液相色谱法测定展青霉素的原理和方法。

② 熟练使用高效液相色谱仪。

### 二、基础知识

展青霉素（patulin，PAT），又称棒曲霉素，是青霉属、曲霉属、丝衣霉属产生的真菌代谢产物。PAT 易溶于水、氯仿、丙酮、乙醇及乙酸乙酯等，微溶于乙醚、苯，不溶于石油醚。在酸性环境中展青霉素非常稳定，在碱性条件下活性降低。PAT 主要污染对象为蔬果及其制品，可引起抽搐、肾脏损害等急性毒性，以及致畸、致癌等慢性毒性。因其毒性大，国际组织和各国都制定了食品中展青霉素最大残留限量。现行国家标准 GB 2761—2017《食品安全国家标准　食品中真菌毒素限量》规定了展青霉素在水果及制品、饮料中的限量值为 50μg/kg。

### 三、实验原理

样品（含苹果、山楂原料的浊汁、半流体及固体样品用果胶酶酶解处理）中的展青霉素经提取、浓缩后，经液相色谱分离，紫外检测器检测，外标法定量。

## 四、试剂与器材

### 1. 试剂与材料

除非另有说明，实验中所有试剂均为分析纯，水应符合 GB/T 6682—2008 规定的一级水。

① 乙腈（$CH_3CN$）：色谱纯。

② 乙酸（$CH_3COOH$）：色谱纯。

③ 乙酸乙酯（$CH_3COOCH_2CH_3$）。

④ 果胶酶（液体）：活性不低于 1500U/g，2～8℃避光保存。

⑤ 展青霉素标准品（$C_7H_6O_4$，CAS 号：149-29-1）：纯度≥99%，或经国家认证并授予标准物质证书的标准物质。

⑥ 水相微孔滤头：带 0.22μm 微孔滤膜。

### 2. 试剂配制

① 乙酸溶液：准确移取 10mL 乙酸加入 250mL 水，混匀。

② 标准储备溶液（100μg/mL）：用 2mL 色谱纯乙腈溶解展青霉素标准品 1.0mg 后，移入 10mL 的容量瓶，用色谱纯乙腈定容至刻度。该标准溶液完全转移至棕色试剂瓶中后，在－20℃下冷冻保存，备用，6 个月内有效。

③ 标准工作液（1μg/mL）：移取 100μL 展青霉素标准储备溶液，用乙酸溶液溶解并转移至 10mL 容量瓶中，定容至刻度。溶液转移至试剂瓶中后，在 4℃下避光保存，3 个月内有效。

④ 标准系列工作溶液：分别准确移取标准工作液 0.05mL、0.1mL、0.2mL、0.5mL、1mL、2mL 和 4mL 至 10mL 容量瓶中，用乙酸溶液定容至刻度，配制展青霉素浓度为 5ng/mL、10ng/mL、20ng/mL、50ng/mL、100ng/mL、200ng/mL、400ng/mL 的系列标准溶液。

### 3. 仪器设备

① 高效液相色谱仪（HPLC）：配有紫外检测器。

② 电子天平：感量为 0.01g 和 0.00001g。

③ 离心机：转速大于 6000r/min。

④ 组织捣碎机。

⑤ 匀浆机。

⑥ 涡旋混合器。

⑦ 高速粉碎机。

⑧ 旋转蒸发仪。

⑨ 超声波清洗仪。

⑩ 50mL 塑料离心管。

⑪ 100mL 梨形烧瓶。

⑫ 单通道移液器：200μL、1mL、10mL。

## 五、实验方法

### 1. 试样制备

（1）液体样品（苹果汁、山楂汁等）

将样品摇匀，取100g（或100mL）样品用于检测。

（2）固体样品（山楂片、果丹皮等）

取1kg样品放入高速粉碎机中将其粉碎，混合均匀后取样品100g用于检测。果丹皮等高黏度样品经冷冻后立即用高速粉碎机将其粉碎，混合均匀后取样品100g用于检测。

（3）果酱样品

样品在组织捣碎机中捣碎混匀后，取100g用于检测。

### 2. 试样提取

液体试样：称取4g试样（准确至0.01g）于50mL离心管中，加入21mL乙腈，混匀，在10000r/min下离心10min，上机测定。

固体、半流体试样：称取1g试样（准确至0.01g）于50mL离心管中，混匀后静置片刻，再加入10mL水与150μL果胶酶溶液，混匀，室温下避光放置过夜后，加入10mL乙酸乙酯，涡旋混合5min，在10000r/min下离心10min，移取乙酸乙酯层至梨形烧瓶。再用10mL乙酸乙酯提取1次，合并两次乙酸乙酯提取液，在40℃水浴锅中用旋转蒸发仪浓缩至干，以2mL乙酸溶液溶解残留物，混匀待上机测定用。

### 3. 色谱参考条件

① 色谱柱：Poroshell 120 EC-$C_{18}$，100mm×3.0mm，3.0μm，或相当者。

② 紫外检测器条件：检测波长为276nm。

③ 流动相：A相为0.1%甲酸水溶液，B相为乙腈。

④ 梯度洗脱条件：5% B，95% A，等度洗脱。

⑤ 流速：1.0mL/min。

⑥ 柱温：40℃。

⑦ 进样量：40μL。

### 4. 标准曲线的绘制

将标准系列溶液由低浓度到高浓度依次进样检测，以标准溶液的浓度为横坐标，以峰面积为纵坐标绘制标准曲线。

### 5. 试样测定

将试样溶液注入高效液相色谱仪，测得相应的峰面积，由标准曲线得到试样溶液中展青霉素的浓度，展青霉素标准溶液的HPLC色谱图见图2-7。

## 六、结果计算

试样中展青霉素含量按式（12-15）计算：

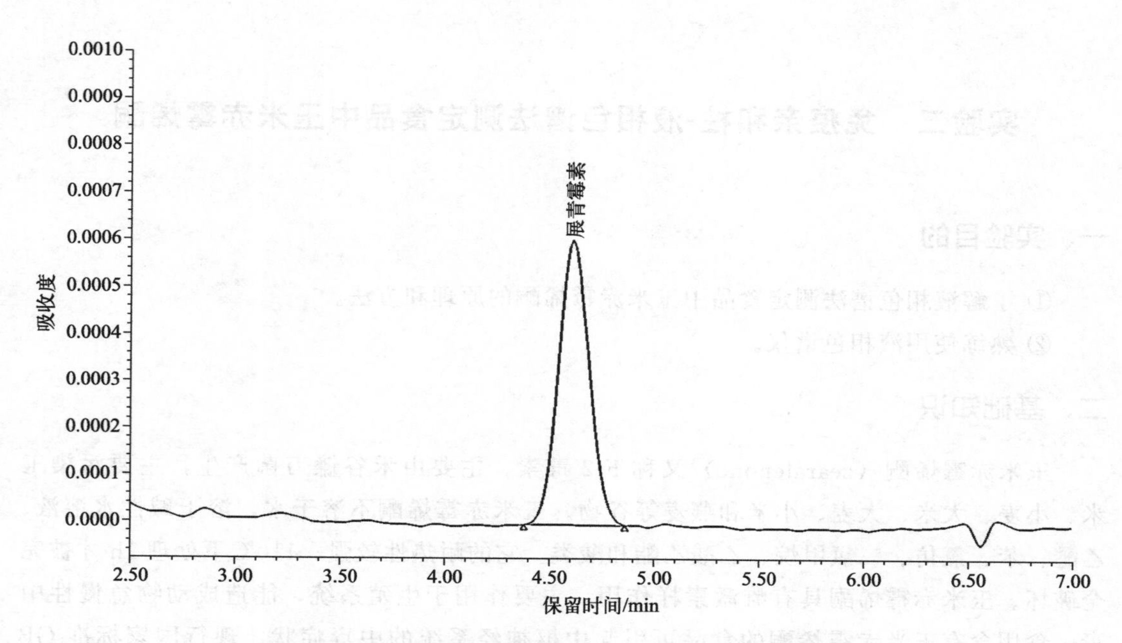


图 2-7　展青霉素标准溶液（100ng/mL）的液相色谱图

$$X=\frac{\rho \times V \times 1000}{m \times 1000}\times f \tag{12-15}$$

式中　$X$——试样中展青霉素的含量，μg/kg；

$\rho$——由标准曲线得到的试样溶液中展青霉素的质量浓度，ng/mL；

$V$——最终定容体积，mL；

$m$——称取试样的质量，g；

$f$——稀释倍数；

1000——单位换算系数。

计算结果保留三位有效数字。

## 七、其他

① 液体试样的检出限为 6μg/kg，定量限为 20μg/kg；固体、半流体试样的检出限为 12μg/kg，定量限为 40μg/kg。

② 在重复性条件下获得的两次独立测定结果的绝对差值不得超过算术平均值的 15%。

## 八、注意事项

试样酶解时一定要避光放置。

## 九、思考题

① 食品中展青霉素的测定方法有哪些？

② 试样酶解时为什么要避光处理？

# 实验二　免疫亲和柱-液相色谱法测定食品中玉米赤霉烯酮

## 一、实验目的

① 了解液相色谱法测定食品中玉米赤霉烯酮的原理和方法。

② 熟练使用液相色谱仪。

## 二、基础知识

玉米赤霉烯酮（zearalenone）又称 F-2 毒素，主要由禾谷镰刀菌产生，主要污染玉米、小麦、大米、大麦、小米和燕麦等谷物。玉米赤霉烯酮不溶于水，溶于碱性水溶液、乙醚、苯、氯仿、二氯甲烷、乙酸乙酯和酸类。它的耐热性较强，110℃下处理 1h 才被完全破坏。玉米赤霉烯酮具有雌激素样作用，主要作用于生殖系统，能造成动物急慢性中毒。食用含有玉米赤霉烯酮的食品可引起中枢神经系统的中毒症状。现行国家标准 GB 2761—2017《食品安全国家标准　食品中真菌毒素限量》规定了玉米赤霉烯酮在小麦、小麦粉、玉米和玉米面中的限量值为 60μg/kg。

## 三、实验原理

试样中的玉米赤霉烯酮经乙腈溶液提取，用免疫亲和柱净化，经高效液相色谱分离，荧光检测器测定，外标法定量。

## 四、试剂与器材

### 1. 试剂与材料

实验中如无特别说明，所用试剂均为分析纯，水应符合 GB/T 6682—2008 规定的一级水。

① 甲醇（$CH_3OH$）：色谱纯。

② 乙腈（$CH_3CN$）：色谱纯。

③ 氯化钠（NaCl）。

④ 氯化钾（KCl）。

⑤ 磷酸氢二钠（$Na_2HPO_4$）。

⑥ 磷酸二氢钾（$KH_2PO_4$）。

⑦ 吐温-20（$C_{58}H_{114}O_{26}$）。

⑧ 盐酸（HCl）。

⑨ 玉米赤霉烯酮（$C_{18}H_{22}O_5$，CAS 号：17924-92-4），纯度≥98.0%。或经国家认证并授予标准物质证书的标准物质。

⑩ 玉米赤霉烯酮免疫亲和柱：柱规格 6mL，柱容量≥1500ng，或等效柱。

⑪ 微孔滤膜：0.45μm，水相。

⑫ 定性滤纸。

⑬ 移液器：1mL、5mL、10mL。

⑭ 氮气：纯度≥99.999%。

**2. 溶液配制**

① 提取液：取乙腈900mL和水100mL，混合。

② PBS/吐温-20缓冲液：称取氯化钠8.0g、磷酸氢二钠1.2g、磷酸二氢钾0.2g、氯化钾0.2g，用900mL水将上述试剂溶解，用盐酸调节pH至7.0，加入1mL吐温-20，用水定容至1000mL。

③ 玉米赤霉烯酮标准储备液（100μg/mL）：准确称取适量的标准品（精确至0.0001g），用乙腈溶解，配制成浓度为100μg/mL的标准储备液，−18℃避光保存。

④ 玉米赤霉烯酮系列标准工作液：根据需要准确吸取适量标准储备液，用流动相稀释，配制成0ng/mL、10ng/mL、20ng/mL、50ng/mL、100ng/mL、200ng/mL、500ng/mL的系列标准工作液，4℃避光保存。

**3. 实验仪器**

① 高效液相色谱仪（HPLC）配有荧光检测器。

② 电子天平：感量为0.0001g和0.01g。

③ 氮吹仪。

④ 均质器：转速≥8000r/min。

⑤ 粉碎机。

⑥ 容量瓶：1000mL。

## 五、实验方法

**1. 试样制备**

粮食和粮食制品用粉碎机粉碎，称取40.0g粉碎试样（精确到0.1g）于均质杯中，加入氯化钠4g和提取液100mL，均质提取5min，8000r/min离心10min。移取10mL上清液加入40mL PBS/吐温-20缓冲液，涡旋混匀，8000r/min离心10min，上清液备用。

**2. 净化**

将免疫亲和柱置于试管架上，下方连接10mL离心管，准确移取10mL上述上清液，分次注入免疫亲和柱中。使溶液以1～2滴/s的流速缓慢通过免疫亲和柱，直至有部分空气进入亲和柱中。依次用10mL PBS/吐温-20缓冲液和10mL水淋洗免疫亲和柱，流速为1～2滴/s，直至空气进入亲和柱中，弃去全部流出液。准确加入1mL甲醇洗脱，流速约为1滴/s。收集洗脱液于玻璃试管中，于55℃以下用氮气吹干后，用1mL流动相溶解残渣供测定。

**3. 空白试验**

不称取试样，按以上步骤做空白试验。应确认不含有干扰待测组分的物质。

4. HPLC 参考条件

① 色谱柱：$C_{18}$ 柱，250mm×4.6mm（内径），5μm，或相当者。

② 检测器：荧光检测器。

③ 流动相：甲醇-水-乙腈（体积比 8：46：46）。

④ 流速：1.0mL/min。

⑤ 柱温：35℃。

⑥ 检测波长：激发波长 274nm，发射波长 440nm。

⑦ 进样量：20μL。

5. 标准曲线的绘制

将系列玉米赤霉烯酮标准工作液按浓度从低到高依次注入高效液相色谱仪，得到相应的峰面积。以峰面积对浓度作图，绘制标准工作曲线。玉米赤霉烯酮标准溶液的 HPLC 色谱图见图 2-8。

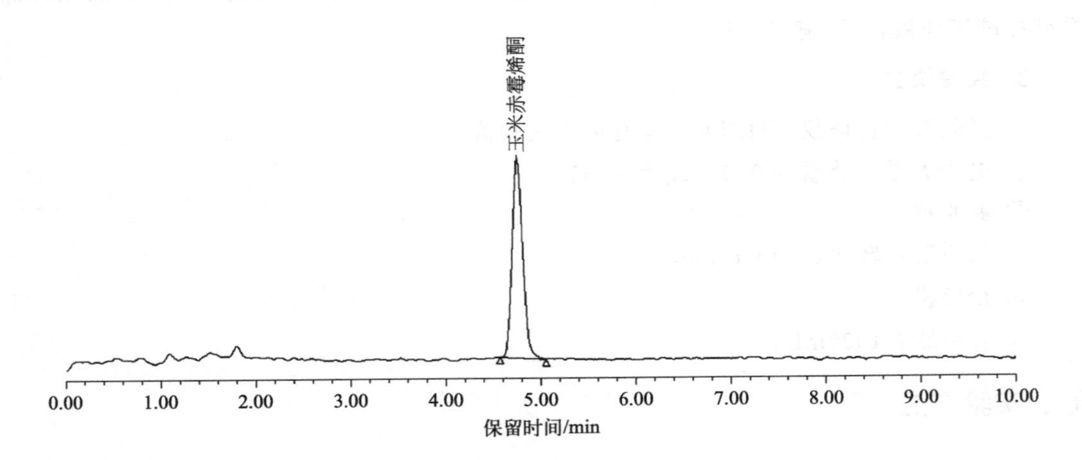


图 2-8 玉米赤霉烯酮标准溶液的 HPLC 色谱图

6. 试样的测定

将待测试样溶液注入高效液相色谱仪，得到玉米赤霉烯酮的峰面积。由标准曲线得到试样溶液中玉米赤霉烯酮的浓度。

## 六、结果计算

试样中玉米赤霉烯酮的含量按式（2-16）计算：

$$X=\frac{\rho\times V\times 1000}{m\times 1000}\times f \tag{2-16}$$

式中 $X$——试样中玉米赤霉烯酮的含量，μg/kg；

$\rho$——由标准曲线计算出进样液中玉米赤霉烯酮的浓度，ng/mL；

$V$——试样的最后定容体积，mL；

$f$——稀释倍数；

$m$——试样质量，g；

1000——单位换算系数。

计算结果需扣除空白值，保留两位有效数字。

## 七、其他

① 本方法玉米赤霉烯酮的检出限为5μg/kg，定量限为17μg/kg。

② 在添加质量分数为50～200μg/kg时，回收率在70%～120%，相对标准偏差小于10%。

③ 在重复性条件下获得的两次独立测定结果的绝对差值不得超过算术平均值的15%。

## 八、注意事项

玉米赤霉烯酮具有毒性，操作时做好防护和废弃物的处理。

## 九、思考题

食品中玉米赤霉烯酮的测定方法有哪些？

# 实验三 酶联免疫法测定贝类中麻痹性贝毒

## 一、实验目的

① 了解酶联吸附免疫法测定麻痹性贝毒的原理。

② 熟练使用酶标仪。

③ 熟悉酶联吸附免疫法测定麻痹性贝毒的步骤。

## 二、基础知识

麻痹性贝毒（paralytic shellfish poison，简称PSP）来源于赤潮中的有毒藻类，是一种神经毒素，因人们误食了含有此类毒素的贝类而产生麻痹性中毒的现象，所以称之为麻痹性贝毒。麻痹性贝毒是一类四氢嘌呤的三环化合物，根据基团的相似性，PSP可分为四类：氨基甲酸酯类毒素，包括石房蛤毒素（saxitoxin，STX）、新石房蛤毒素（neosaxitoxin，neoSTX）、膝沟藻毒素（gonyautoxin）；*N*-磺酰氨甲酰基类毒素，包括C1、C2、C3、C4、GTX5和GTX6；脱氨甲酰基类毒素，包括dcSTX、dcneoSTX、dcGTX1～dcGTX4；脱氧脱氨甲酰基类毒素，如doSTX、doGTX2/doGTX3等。PSP被公认为对公众健康危害最严重，当人摄入含麻痹性贝毒的食物后，会引起四肢肌肉麻痹、头痛恶心、流涎发热、皮疹等，严重者肌肉麻痹、呼吸困难，甚至窒息而死亡。因此，定性和定量测定贝类中麻痹性贝毒具有重要意义。

## 三、实验原理

测定原理是抗原抗体反应，微孔板包被有针对麻痹性贝毒抗体的捕捉抗体。加入待测溶液和麻痹性贝毒酶标记物，游离的麻痹性贝毒与其酶标记物竞争结合麻痹性贝毒抗体，同时麻痹性贝毒抗体与捕捉抗体连接。未被结合的酶标记物被洗涤除去，结合的酶标记物将无色的发色剂催化为蓝色的产物，加入终止液后使颜色由蓝色转变为黄色。采用酶标仪在450nm波长处测定微孔溶液的吸光度，吸光度与试样中麻痹性贝毒含量成反比。最后根据标准曲线计算试样中麻痹性贝毒含量。

## 四、试剂与器材

### 1. 试剂与材料

除非另有说明，本方法所用试剂均为分析纯，试验用水应符合GB/T 6682—2008规定的一级水。

① 盐酸（HCl，36%）。

② 商业化的麻痹性贝毒试剂盒：包被真空包装微孔板（12×8条），麻痹性贝毒标准溶液（浓度分别为0ng/mL、0.02ng/mL、0.05ng/mL、0.1ng/mL、0.2ng/mL和0.4ng/mL）、酶标物、麻痹性贝毒抗体、样品稀释缓冲液、底物、洗板缓冲液、反应终止液。

### 2. 溶液配制

① 盐酸溶液（0.1mol/L）：量取9mL盐酸，用水稀释至1000mL。

② 盐酸溶液（5mol/L）：量取450mL盐酸，用水稀释至1000mL。

### 3. 实验仪器

① 酶标仪。

② 均质机。

③ 天平：感量0.1g和0.001g。

④ 离心机：转速≥6000r/min。

⑤ 涡旋振荡器。

⑥ 移液器。

⑦ 加热板。

⑧ pH计。

⑨ 容量瓶：1000mL。

⑩ 各类型号的枪头。

## 五、实验方法

### 1. 试样的制备

用清水将贝类样品外表彻底洗净，开壳，用蒸馏水淋洗内部去除泥沙及其他异物，取出贝肉，切勿割破贝体，严禁加热或借助麻醉剂开壳。收集约 200g 贝肉分散置于筛子中沥水 5min，捡出碎壳等杂物，贝肉均质备用。

**2. 试样提取**

称取试样 10g（精确至 0.1g），加入 70mL 0.1mol/L 盐酸溶液，煮沸并搅拌 5min，4℃条件下 6000r/min 离心 10min，上清液用盐酸溶液（5mol/L）调节 pH 至 4.0 以下。取 100μL 提取液，加入 900μL 样品稀释缓冲液，混匀，取 50μL 进行测定。

**3. 试样测定**

① 待试剂盒中所有试剂的温度回升至室温（20～24℃）后使用。

② 去除微孔条插入微孔架并做好标记，其中包括空白对照孔、标准液孔和样液孔，分别做平行孔。

③ 分别吸取 50μL 样品缓冲液、标准液、待测溶液加入对应微孔中。

④ 每个微孔加入 50μL 麻痹性贝毒酶标记物，轻轻混合。

⑤ 再加入 50μL 麻痹性贝毒抗体至每个微孔，混合，用盖板膜盖住微孔以防溶液挥发，20～25℃避光孵育 15 ～20min。

⑥ 孵育后，倾倒孔中溶液，每个微孔加入 250μL 洗脱液冲洗，重复洗涤 3 次，在吸水纸上拍干。

⑦ 然后每孔加 100μL 底物溶液，充分混合，20～25℃避光孵育 15 ～20min。

⑧ 每孔加入 100μL 终止溶液，在 10min 内测量并记录 450nm 波长下的吸光度值。若测定的样液的质量浓度超出标准曲线的线性范围，扩大稀释倍数后重新进行测定。

注：也可以按试剂盒说明书要求进行测定。

**4. 标准曲线的制作**

以麻痹性贝毒标准系列工作液质量浓度以 10 为底的对数值为横坐标，以式（2-17）计算的吸光度值百分率为纵坐标，绘制标准曲线。

麻痹性贝毒标准液和样液的吸光度值百分率按式（2-17）计算：

$$A=\frac{B}{B_0}\times 100\% \tag{2-17}$$

式中 $A$——吸光度值百分率；

$B$——麻痹性贝毒标准液平均吸光度值；

$B_0$——0μg/kg 的麻痹性贝毒标准液的平均吸光度值。

## 六、结果计算

试样中麻痹性贝毒的含量按式（2-18）计算：

$$X=\frac{\rho\times V\times f}{m} \tag{2-18}$$

式中 $X$——试样中麻痹性贝毒的含量，μg/g；

$\rho$——从标准工作曲线上得到的试样溶液中麻痹性贝毒的质量浓度，μg/mL；

$V$——测试溶液的体积，mL；

$f$——稀释倍数；

$m$——称取试样的质量，g。

计算结果保留三位有效数字。

## 七、商业化试剂盒评价技术参数

① 定量限：定量限为50μg/kg。

② 回收率：回收率为85%～90%。

③ 重现性：标准品变异系数≤10%，样品变异系数≤15%。

④ 交叉反应率：检测STX特异性达到100%；检测dcSTX特异性达到29%；检测GTX 2/3特异性达到23%；检测GTX5特异性达到23%；与其他海藻毒素没有交叉反应。

## 八、注意事项

① 试剂应按标签说明书储存，使用前恢复至室温。

② 实验中不用的板条和试剂应立即放回4℃保存，以免变质。

③ 测定中吸取不同的试剂和样品溶液时应更换吸头，以免交叉污染。

④ 加样时要避免加在孔壁上部，不可溅出，加入试剂的顺序应一致，以保证所有反应板孔温育的时间一样。

⑤ 洗涤酶标板时应充分拍干，不要将吸水纸直接放入酶标反应孔中吸水。

⑥ 标准液含有麻痹性毒素，应特别小心，避免接触。

## 九、思考题

① 麻痹性贝毒的测定方法有哪些？

② 酶联免疫测定麻痹性贝毒时有哪些注意事项？

# 实验四　免疫胶体金定性法测定小麦中赭曲霉毒素A

## 一、实验目的

① 了解赭曲霉毒素A的测定意义。

② 掌握免疫胶体金竞争法检测赭曲霉毒素A的原理和方法。

## 二、基础知识

赭曲霉毒素（ochratoxin，OT）是主要由青霉属和曲霉属两属真菌产生的次级代谢产物。OT有7种结构类似物，其中赭曲霉毒素A（OTA）的化学性质最为稳定、毒性最大。OTA 具有肾毒性、肝毒性、免疫毒性等，国际癌症研究机构将 OTA 列为ⅡB 类致癌物，若食品被 OTA 污染，则会对人体健康造成严重危害。我国现行国家标准 GB 2761—2017《食品安全国家标准 食品中真菌毒素限量》规定了 OTA 在谷物及其制品、豆类及其制品、酒类、坚果中的限量值为 5μg/kg。

## 三、实验原理

本方法是基于抗原-抗体特异性结合反应、免疫胶体金技术和毛细管色谱技术，将特异性识别赭曲霉毒素 A（抗原）的抗体标记在胶体金颗粒表面，试纸条硝酸纤维素（NC）膜包被有赭曲霉毒素 A 和二抗。检测时，将制备的试样滴加至样品垫，样品在毛细作用下向试纸条另一端移动，当样品中有待测抗原时，抗原先与结合垫上的金标抗体结合形成复合物，进而抑制了抗体与检测线（T 线）包被的抗原结合，使 T 线不显色，结果为阳性。金标抗体随着毛细作用移动到质控线（C 线）上，与固定在 C 线上的二抗特异性结合，C 线显色。反之，则 T 线显色。检测原理如图 2-9 所示。

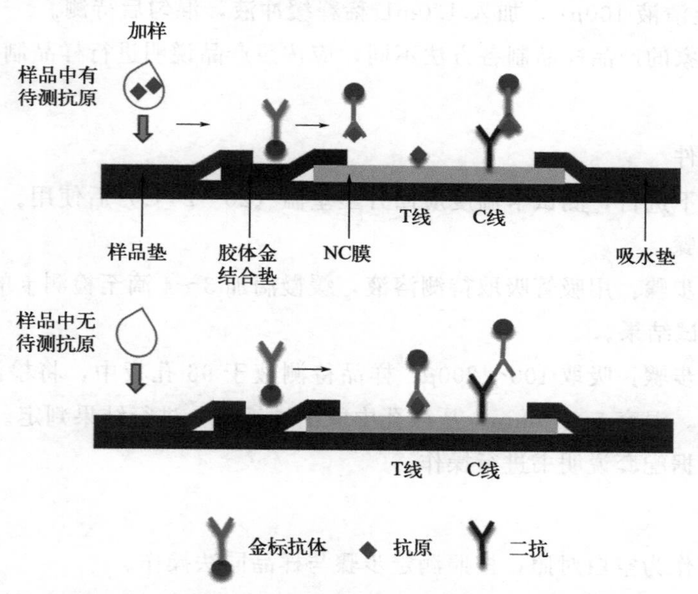


图 2-9　竞争法胶体金试纸条检测赭曲霉毒素 A 原理图

## 四、试剂与器材

### 1. 试剂与材料

① 水：符合 GB/T 6682—2008 规定的三级水。

② 赭曲霉毒素 A 免疫胶体金测试卡：包含样品提取液、稀释缓冲液等。

③ 赭曲霉毒素 A 标准物质：经国家认证并授予标准物质证书的标准物质。

### 2. 仪器设备

① 电子天平：感量 0.01g。

② 粉碎机。

③ 离心机：转速大于4000r/min。

④ 涡旋振荡器。

⑤ 20目筛。

⑥ 移液器。

## 五、实验方法

### 1. 试样制备

（1）样品粉碎

将样品粉碎，过20目筛，混匀。

（2）提取

称取粉碎样品10.0g于离心管中，加入20mL提取溶液，涡旋振荡提取2min，4000r/min离心1min，取上清液100μL，加入1.0mL稀释缓冲液，混匀后待测。

注：不同商家的产品样品制备方法不同，应按照产品说明进行样品制备。

### 2. 测定

（1）测定条件

操作在室温下进行，测试卡温度应回升至室温（20～24℃）后使用。

（2）测定步骤

检测卡测定步骤：用吸管吸取待测溶液，缓慢滴加3～4滴至检测卡的加样孔中，5～10min内观察测试结果。

试纸条测定步骤：吸取100～200μL样品待测液于96孔板中，将检测试纸条样品端垂直插入微孔中，温育5～10min，从微孔中取出试纸条，进行结果判定。

注：也可根据配套说明书进行操作。

### 3. 空白试验

以提取溶液作为空白对照，按照测定步骤与样品同法操作。

### 4. 质控实验

使用赭曲霉毒素A标准工作溶液（浓度要大于试纸条检测限），按照测定步骤与样品同法操作。

## 六、结果判定

通过对比控制线（C线）和检测线（T线）的颜色进行结果判定。目视判定示意图见图2-10。

### 1. 阴、阳性样品

检测线显色，判定为阴性。检测线不显色或颜色非常模糊时，判定为阳性。无论是阴性还是阳性结果，质控线均显色。

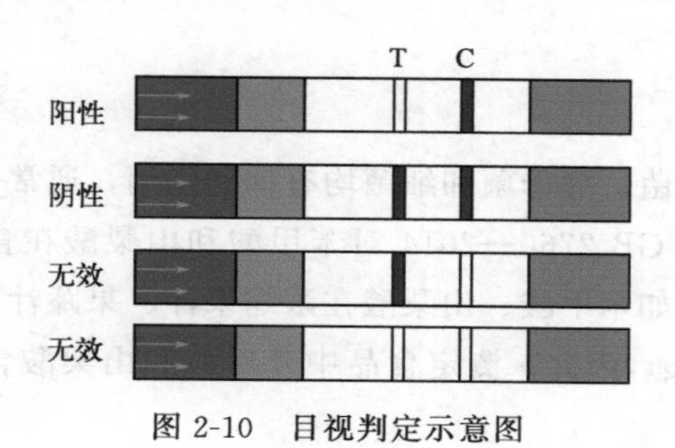


图 2-10 目视判定示意图

2. 无效

质控线不显色，说明此卡无效，需要重新检测。

## 七、其他

本方法所述试剂、试剂盒信息及操作步骤是为给使用者提供方便，在使用本方法时不做限定。

## 八、注意事项

① 测试卡应按标签说明书储存，使用前恢复至室温。

② 保持干燥，打开包装后尽快使用。

③ 检测时避免交叉污染。

## 九、思考题

① 赭曲霉毒素 A 测定方法有哪些？

② 免疫胶体金竞争法检测赭曲霉毒素 A 的原理是什么？

# 第五节 食品中添加剂测定技术

## 实验一 食品中苯甲酸、山梨酸含量的测定

## 一、实验目的

① 通过 HPLC 测定样品中苯甲酸、山梨酸的含量。

② 熟练使用液相色谱仪。

## 二、测定意义

苯甲酸和山梨酸对霉菌、酵母菌和细菌均有抑制作用，通常作为防腐剂被广泛应用于食品加工行业，国家标准 GB 2760—2014 对苯甲酸和山梨酸在食品中的使用范围和最大使用量做出了明确规定，如苯甲酸、山梨酸在浓缩果汁、果蔬汁、饮料、果酒等食品中的使用限量为 0.2～2.0g/kg。因此，测定食品中苯甲酸和山梨酸含量对监测食品质量安全具有重要现实意义。

## 三、实验原理

饮料、果酒、果汁等样品经水提取，高蛋白样品经蛋白沉淀剂沉淀蛋白质，采用液相色谱分离，紫外检测器检测，外标法定量。

## 四、试剂与器材

### 1. 试剂与材料

如无其他说明，所有试剂均为分析纯，水应符合 GB/T 6682—2008 规定的一级水。

① 亚铁氰化钾 [$K_4Fe(CN)_6 \cdot 3H_2O$]。

② 乙酸锌 [$Zn(CH_3COO)_2 \cdot 2H_2O$]。

③ 乙酸铵（$CH_3COONH_4$）：色谱纯。

④ 甲醇（$CH_3OH$）：色谱纯。

⑤ 冰醋酸（$C_2H_4O_2$）。

⑥ 苯甲酸钠（$C_6H_5COONa$，CAS 号：532-32-1）：纯度≥99.0%，或经国家认证并授予标准物质证书的标准物质。

⑦ 山梨酸钾（$C_6H_7KO_2$，CAS 号：590-00-1）：纯度≥99.0%，或经国家认证并授予标准物质证书的标准物质。

⑧ 微孔滤膜：0.22μm，水相。

### 2. 溶液配制

① 亚铁氰化钾溶液（92g/L）：称取 [$K_4Fe(CN)_6 \cdot 3H_2O$] 106g，加入适量水溶解，转移至 1000mL 容量瓶中，用水定容至刻度。

② 乙酸锌溶液（184g/L）：称取 $Zn(CH_3COO)_2 \cdot 2H_2O$ 220g，用少量水溶解，然后加 30mL 冰醋酸，转移至 1000mL 容量瓶中，用水定容至刻度。

③ 乙酸铵溶液（20mmol/L）：称取乙酸铵 1.54g，用适量水溶解，转移至 1000mL 容量瓶中，用水定容至刻度，经 0.22μm 水相微孔滤膜过滤。

④ 苯甲酸、山梨酸标准储备溶液（1mg/mL）：分别准确称取苯甲酸钠 0.118g、山梨酸钾 0.134g（精确到 0.0001g），用水溶解，分别定容至 100mL，4℃贮存。

⑤ 苯甲酸、山梨酸（以糖精计）混合标准中间溶液（200mg/L）：分别准确吸取苯甲酸、山梨酸标准储备溶液各 10mL 于 50mL 容量瓶中，用水定容，4℃贮存。

⑥ 苯甲酸、山梨酸混合标准系列工作溶液：分别准确吸取苯甲酸、山梨酸混合标准

中间溶液0mL、0.05mL、0.25mL、0.5mL、1.0mL、2.5mL、5.0mL和10.0mL，用水定容至10mL，配制成质量浓度分别为0mg/L、1mg/L、5mg/L、10mg/L、20mg/L、50mg/L、100mg/L和200mg/L的混合标准系列工作溶液。

3. 实验仪器

① 高效液相色谱仪：配紫外检测器。

② 电子天平：感量为0.001g和0.0001g。

③ 水浴锅。

④ 涡旋振荡器。

⑤ 离心机：转速＞8000r/min。

⑥ 超声波提取器。

⑦ 塑料离心管：50mL。

⑧ 容量瓶：10mL、50mL、100mL、1000mL。

## 五、实验方法

### 1. 试样提取

（1）饮料、果酒、果汁、液态奶制品

准确称取约2g（精确到0.001g）试样于50mL塑料离心管中，加25mL水，涡旋混匀10min，50℃水浴中超声20min，冷却至室温，加亚铁氰化钾溶液2mL和乙酸锌溶液2mL，混匀，于10000r/min离心5min，将上清液转移至另一50mL容量瓶中。残渣中加入20mL水，涡旋混匀后超声提取5min，于10000r/min离心5min，合并提取液，并用水定容至刻度，混匀。取适量上清液过0.22μm滤膜，待液相色谱测定。

注：碳酸饮料、果酒、果汁、蒸馏酒等测定时可以不加蛋白沉淀剂（亚铁氰酸钾溶液、乙酸锌溶液）。

（2）含胶基的果冻、糖果等试样

准确称取约2g（精确到0.001g）试样于50mL塑料离心管中，加水约25mL，涡旋混匀，于70℃水浴加热溶解试样，于50℃水浴超声20min，之后操作同上。

### 2. 高效液相色谱测定

（1）HPLC参考条件

① 色谱柱：$C_{18}$柱，250mm×4.6mm（内径），5μm，或相当者。

② 流动相：甲醇-乙酸铵溶液（体积比5：95）。

③ 流速：1.0mL/min。

④ 柱温：40℃。

⑤ 波长：230nm。

⑥ 进样量：10μL。

（2）标准曲线的绘制

将混合标准系列工作溶液注入液相色谱仪中，以峰面积对标准溶液浓度作图，绘制标准曲线。苯甲酸、山梨酸的标准溶液色谱见图2-11。

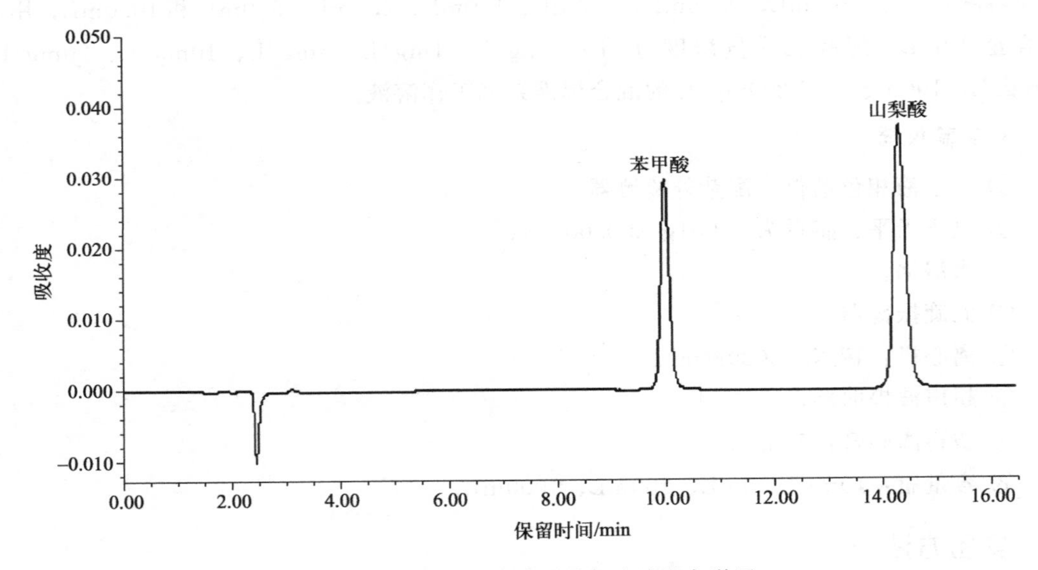


图 2-11　苯甲酸、山梨酸的标准溶液色谱图

（3）试样测定

在同等仪器条件下，将试样溶液注入液相色谱仪中，得到峰面积，根据标准曲线得到待测液中苯甲酸、山梨酸的质量浓度。

注：待测液中苯甲酸、山梨酸的响应值应在标准曲线线性范围内，超过线性范围则应稀释后再进样分析。

## 六、结果计算

试样中苯甲酸、山梨酸的含量按式（2-19）计算：

$$X=\frac{\rho\times V}{m\times 1000} \tag{2-19}$$

式中　$X$——试样中待测组分含量，g/kg；

$\rho$——由标准曲线得出的试样液中待测物的质量浓度，mg/L；

$V$——试样定容体积，mL；

$m$——试样质量，g；

1000——由 mg/kg 转换为 g/kg 的换算因子。

计算结果保留 3 位有效数字。

## 七、其他

① 本法的检出限均为 0.005g/kg，定量限为 0.01g/kg。

② 在添加质量分数为 0.02～1g/kg 时，回收率在 70%～110%，相对标准偏差小于 10%。

③ 在重复性条件下获得的 2 次独立测定结果的绝对差值不超过算术平均值的 10%。

## 八、思考题

食品中苯甲酸、山梨酸的测定方法有哪些？

# 实验二　饮料、果汁中阿斯巴甜和阿力甜的测定

## 一、实验目的

① 通过高效液相色谱仪测定饮料、果汁中阿斯巴甜和阿力甜的含量。

② 正确使用高效液相色谱仪。

③ 熟悉阿斯巴甜和阿力甜的测定步骤。

## 二、基础知识

阿斯巴甜，学名天冬氨酰苯丙氨酸甲酯，是一种非碳水化合物类的人造甜味剂，又称甜味素，甜度是蔗糖的200倍，在pH 3～5的溶液中稳定，在高温或高pH值情形下易水解。阿力甜，学名L-*α*-天冬氨酰-*N*-(2,2,4,4-四甲基-3-硫化三亚甲基)-D-丙氨酰胺，是一种以天冬氨酸和丙氨酸为原料合成的二肽类甜味剂，甜度为蔗糖的2000倍以上，极易溶于水或溶于含羟基的溶剂中。阿斯巴甜和阿力甜复合使用可以协同增效、降低成本、改善口感、提高甜味的稳定性，常被应用于食品加工中。现行国家标准方法GB 2760—2014《食品安全国家标准　食品添加剂使用标准》详细规定了常见阿斯巴甜和阿力甜的使用范围和最大使用量。

## 三、实验原理

根据阿斯巴甜和阿力甜易溶于水、甲醇和乙醇等极性溶剂，而不溶于脂溶性溶剂的特点，采用水提取试样中的阿斯巴甜和阿力甜，提取液在液相色谱 $C_{18}$ 反相柱上进行分离，在波长200nm处检测，以色谱峰的保留时间定性，外标法定量。

## 四、试剂与器材

### 1. 试剂与材料

如无其他说明，所有试剂均为分析纯，水应符合GB/T 6682—2008规定的一级水。

① 甲醇（$CH_3OH$）：色谱纯。

② 乙醇（$CH_3CH_2OH$）：优级纯。

③ 阿力甜标准品（$C_{14}H_{25}N_3O_4S$，CAS号：80863-62-3）：纯度≥99%。

④ 阿斯巴甜标准品（$C_{14}H_{18}N_2O_5$，CAS号：22839-47-0）：纯度≥99%。

⑤ 微孔滤膜：0.45*μ*m，水相。

### 2. 溶液配制

① 阿斯巴甜和阿力甜的标准储备液（0.5mg/mL）：各称取阿斯巴甜和阿力甜 0.025g（精确至 0.0001g），用适量的水进行溶解，转移至 50mL 容量瓶中，定容至刻度。置于 4℃保存。

② 阿斯巴甜和阿力甜混合标准工作液系列的制备：用水将阿斯巴甜和阿力甜标准储备液逐级稀释成混合标准系列，阿斯巴甜和阿力甜的浓度均分别为 100μg/mL、50μg/mL、25μg/mL、10.0μg/mL、5.0μg/mL、1.0μg/mL。置于 4℃保存。

### 3. 实验仪器

① 高效液相色谱仪（HPLC）：配有紫外检测器或二极管阵列检测器。

② 分析天平：感量为 0.0001g 和 0.001g。

③ 离心机：转速不低于 4000r/min。

④ 水浴锅。

⑤ 涡旋振荡器。

⑥ 离心管：25mL、50mL。

⑦ 容量瓶：50mL。

## 五、实验方法

### 1. 试样的制备

称取约 5g（精确到 0.001g）碳酸饮料试样于 50mL 烧杯中，置于 50℃水浴锅中除去二氧化碳，然后将试样全部转入 25mL 容量瓶中，备用。

称取 2g 浓缩果汁试样（精确到 0.001g）于 25mL 容量瓶中，备用。

将上述 25mL 容量瓶中的液体用水定容，混匀，5000r/min 离心 5min，上清液经 0.45μm 水系滤膜过滤后用于色谱分析。

### 2. 高效液相色谱测定

（1）HPLC 参考条件

① 色谱柱：$C_{18}$ 柱，250mm×4.6mm（内径），5μm，或相当者。

② 检测器：二极管阵列检测器或紫外检测器。

③ 流动相：乙腈-水（体积比 20∶80）。

④ 流速：1.0mL/min。

⑤ 柱温：30℃。

⑥ 波长：200nm。

⑦ 进样量：20μL。

（2）标准曲线的绘制

将混合标准系列工作溶液进样检测，以峰面积-浓度作图，得到标准工作曲线和回归方程。阿斯巴甜和阿力甜标准物质的色谱图见图 2-12。

（3）试样溶液测定

在相同条件下，将试样溶液注入液相色谱仪中，以保留时间定性，以试样峰高或峰面

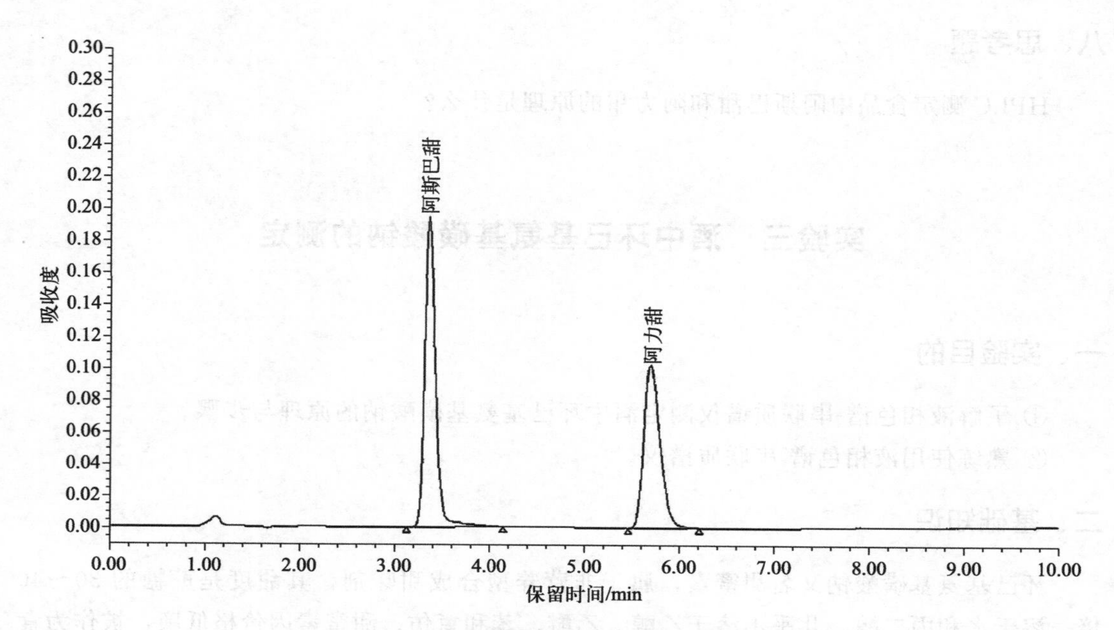


图 2-12　阿斯巴甜和阿力甜标准物质的色谱图

积与标准溶液比较定量。待测样液中阿斯巴甜和阿力甜的响应值应在标准曲线线性范围内，超过线性范围则应稀释后再进样分析。

## 六、结果计算

试样中阿斯巴甜或阿力甜的含量按式（2-20）计算：

$$X=\frac{\rho\times V}{m\times 1000} \tag{2-20}$$

式中　$X$——试样中阿斯巴甜或阿力甜的含量，g/kg；

$\rho$——由标准曲线计算出进样液中阿斯巴甜或阿力甜的质量浓度，μg/mL；

$V$——试样的最后定容体积，mL；

$m$——试样质量，g；

1000——单位换算系数。

计算结果保留 3 位有效数字。

## 七、其他

① 本方法中碳酸饮料的检出限为 1.0mg/kg，定量限为 3.0mg/kg；浓缩果汁的检出限为 2.5mg/kg，定量限为 7.5mg/kg。

② 在添加质量分数为 6～15mg/kg 时，回收率在 80%～110%，相对标准偏差小于 10%。

③ 在重复性条件下获得的两次独立测定结果的绝对差值不得超过算术平均值的 10%。

## 八、思考题

HPLC测定食品中阿斯巴甜和阿力甜的原理是什么？

# 实验三　酒中环己基氨基磺酸钠的测定

## 一、实验目的

① 了解液相色谱-串联质谱仪测定酒中环己基氨基磺酸钠的原理与步骤。

② 熟练使用液相色谱-串联质谱仪。

## 二、基础知识

环己基氨基磺酸钠又名甜蜜素，属于非营养型合成甜味剂，其甜度是蔗糖的30～40倍，溶于水和丙二醇，几乎不溶于乙醇、乙醚、苯和氯仿。甜蜜素因价格低廉，被作为食品添加剂用于饮料、果汁、冰激凌、糕点及蜜饯等食品生产中，但摄入过量会对人体的肝脏和神经系统造成危害。现行国家标准方法GB 2760—2014《食品安全国家标准 食品添加剂使用标准》详细规定了甜蜜素的使用范围和最大使用量（0.65～8.0g/kg）。

## 三、实验原理

酒样经水浴加热除去乙醇后以水定容，用液相色谱-串联质谱仪测定其中的环己基氨基磺酸钠，外标法定量。

## 四、试剂与器材

### 1.试剂与材料

如无其他说明，所有试剂均为分析纯，水应符合GB/T 6682—2008规定的一级水。

① 甲醇（$CH_3OH$）：色谱纯。

② 乙酸铵（$CH_3COONH_4$）。

③ 环己基氨基磺酸钠标准品（$C_6H_{12}NSO_3Na$）：纯度≥99%。

④ 微孔滤膜：0.22μm，水相。

⑤ 氮气：纯度≥99.999%。

### 2.溶液配制

① 乙酸铵溶液（10mmol/L）：称取乙酸铵0.77g，用水溶解并定容至1000mL，经0.22μm水相滤膜过滤，备用。

② 环己基氨基磺酸标准储备液（5mg/mL）：精确称取环己基氨基磺酸钠标准品0.5612g，用水溶解并定容至100mL，混匀。环己基氨基磺酸钠与环己基氨基磺酸的换算系数为0.8909。

③ 环己基氨基磺酸标准工作液（10μg/mL）：取0.2mL标准储备液于100mL容量瓶中，用水定容至100mL，于4℃可保存一周。

④ 环己基氨基磺酸系列标准工作溶液：准确吸取环己基氨基磺酸标准工作液0mL、0.01mL、0.05mL、0.1mL、0.5mL、1.0mL、2.0mL、5.0mL，用水定容至10mL，配成浓度分别为0μg/mL、0.01μg/mL、0.05μg/mL、0.1μg/mL、0.5μg/mL、1.0μg/mL、2.0μg/mL、5.0μg/mL的系列标准工作溶液。

### 3. 实验仪器

① 液相色谱-串联质谱仪：配有电喷雾（ESI）离子源。

② 电子天平：感量为0.0001g和0.01g。

③ 恒温水浴锅。

④ 容量瓶：10mL、100mL、1000mL。

⑤ 烧杯：50mL。

## 五、实验方法

### 1. 试样溶液的制备

称取酒样10.0g，置于50mL烧杯中，置于60℃水浴锅中加热30min，残渣全部转移至100mL容量瓶中，用水定容并摇匀，经0.22μm水相微孔滤膜过滤，备用。

### 2. 仪器条件

（1）色谱参考条件

色谱柱：$C_{18}$柱，100mm×3.0mm，2.7μm。

流动相：甲醇＋10mmol/L乙酸铵溶液（体积比30∶70），等度洗脱。

流速：0.4mL/min。

柱温：35℃。

波长：272nm。

进样量：10μL。

（2）质谱参考条件

离子源：电喷雾电离源（ESI－）。

扫描方式：多反应监测（MRM）扫描。

毛细管电压：2.8kV。

离子源温度：110℃。

脱溶剂气温度：450℃。

脱溶剂气（$N_2$）流量：700L/h。

锥孔气（$N_2$）流量：50L/h。

分辨率：Q1（单位质量分辨）、Q3（单位质量分辨）。

碰撞气及碰撞室压力：氩气，$3.6\times10^{-3}$mPa。

环己基氨基磺酸钠参考保留时间、定性定量离子对及锥孔电压、碰撞能量、驻留时间见表2-17。

表 2-17 环己基氨基磺酸钠参考保留时间、定性定量离子对及锥孔电压、碰撞能量、驻留时间

| 名称 | 保留时间/min | 定性离子对（$m/z$） | 定量离子对（$m/z$） | 锥孔电压/V | 碰撞能量/eV | 驻留时间/ms |
|---|---|---|---|---|---|---|
| 环己基氨基磺酸钠 | 4.02 | 178>79.9（ESI－） | 178>79.9（ESI－） | 35 | 25 | 100 |
| | | 202>122（ESI＋） | | | 10 | 400 |

3. 标准曲线的绘制

将标准系列溶液按照浓度由低到高的顺序进样测定，以环己基氨基磺酸钠定量离子的色谱峰面积对相应的浓度作图，得到标准曲线回归方程。环己基氨基磺酸钠标准溶液的液相色谱-串联质谱图见图 2-13。

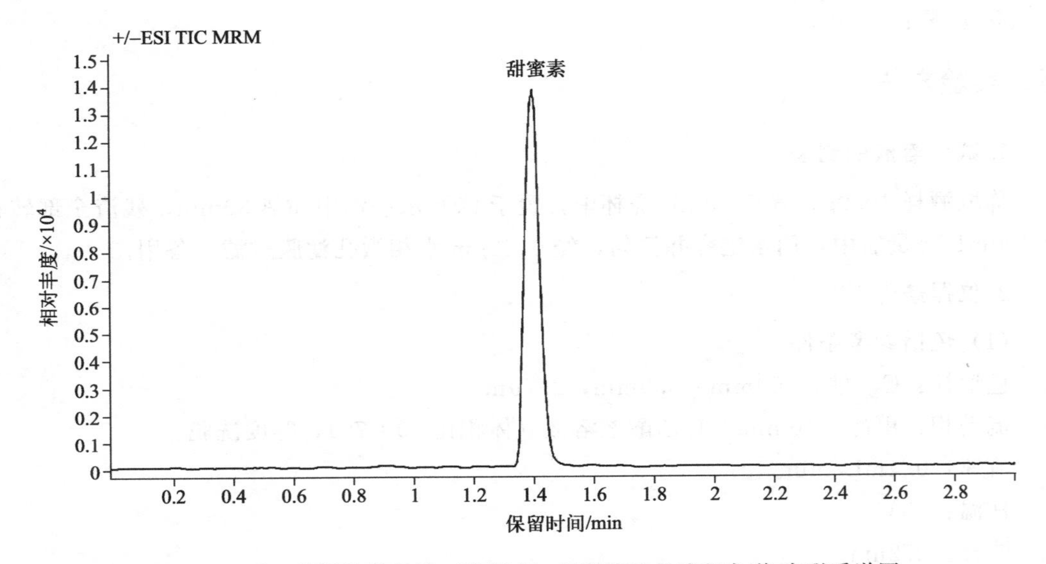


图 2-13 环己基氨基磺酸钠（甜蜜素）标准溶液的液相色谱-串联质谱图

4. 定性测定

在相同的试验条件下测定试样溶液，若试样溶液质量色谱图中环己基氨基磺酸钠的保留时间与标准溶液一致，且试样定性离子的相对丰度与浓度相当的标准溶液中定性离子的相对丰度相比，其允许偏差不超过表 2-18 规定的范围，则可判定样品中存在环己基氨基磺酸钠。

表 2-18 定性离子相对丰度的最大允许偏差

| 相对离子丰度 | >50% | >20%～50% | >10%～20% | ≤10% |
|---|---|---|---|---|
| 最大允许相对偏差 | ±20% | ±25% | ±30% | ±50% |

**5. 定量测定**

将试样溶液注入液相色谱-串联质谱仪，得到环已基氨基磺酸钠定量离子峰面积，根据标准曲线计算试样溶液中环已基氨基磺酸钠的浓度。

## 六、结果计算

试样中环已基氨基磺酸钠含量按式（2-21）计算：

$$X=\frac{c\times V\times 1000}{m\times 1000} \tag{2-21}$$

式中　$X$——试样中环已基氨基磺酸钠的含量，mg/kg；

$c$——由标准曲线计算出的试样溶液中环已基氨基磺酸钠的浓度，μg/mL；

$V$——试样定容体积，mL；

$m$——称取试样的质量，g；

1000——由 μg/g 换算成 mg/kg 的换算因子。

## 七、其他

① 本方法检出限为 0.03mg/kg，定量限为 0.1mg/kg。

② 在添加质量分数为 0.2～0.5mg/kg 时，回收率在 80%～110%，相对标准偏差小于 10%。

③ 在重复性条件下获得的两次独立测定结果的绝对差值不得超过算术平均值的 10%。

## 八、思考题

食品中环已基氨基磺酸钠的测定方法有哪些？

# 实验四　高效液相色谱法测定食品中合成着色剂

## 一、实验目的

① 了解高效液相色谱法测定合成着色剂的原理。

② 正确使用高效液相色谱仪。

③ 熟悉高效液相色谱仪测定合成着色剂的步骤。

## 二、基础知识

随着食品工业的发展，食用色素常被作为添加剂应用于食品生产和加工过程中来改善食品的感官性状。目前，我国已经批准了多种合成着色剂，其中最常用的人工合成着色剂有柠檬黄、日落黄、胭脂红、苋菜红、赤藓红、诱惑红和亮蓝等。现行国家标准方法 GB 2760—2014《食品安全国家标准 食品添加剂使用标准》详细规定了常见合成着色剂的使用范围和最大使用量。

## 三、实验原理

食品中人工合成着色剂用聚酰胺吸附法提取，制成水溶液，注入高效液相色谱仪，经反相色谱分离，根据保留时间定性和与峰面积比较进行定量。

## 四、试剂与器材

### 1. 试剂与材料

如无其他说明，所有试剂均为分析纯，水应符合 GB/T 6682—2008 规定的一级水。

① 甲醇（$CH_3OH$）：色谱纯。

② 甲酸（HCOOH）：色谱纯。

③ 浓硫酸（$H_2SO_4$）。

④ 钨酸钠（$Na_2WO_4 \cdot 2H_2O$）。

⑤ 乙酸铵（$CH_3COONH_4$）。

⑥ 氨水（$NH_3 \cdot H_2O$）：含量 20%～25%。

⑦ 柠檬酸（$C_6H_8O_7 \cdot H_2O$）。

⑧ 标准品：柠檬黄（CAS：1934-21-0）、日落黄（CAS：2783-94-0）、苋菜红（CAS：915-67-3）、胭脂红（CAS：2611-82-7）、亮蓝（CAS：3844-45-9）。

⑨ PWA 固相萃取柱。

⑩ 微孔滤膜：0.22μm，0.45μm，水相。

⑪ 氮气：纯度≥99.999%。

### 2. 溶液配制

① 乙酸铵溶液（0.02mol/L）：称取 1.54g 乙酸铵，加水溶解，转移至 1000mL 容量瓶中，定容至刻度，经 0.45μm 微孔滤膜过滤。

② 10%硫酸溶液：量取浓硫酸 10mL，加水定容至 100mL，混匀。

③ 1%氨水溶液：量取氨水 4mL，加水定容至 100mL，混匀。

④ 甲醇-甲酸溶液（体积比 99.5∶0.5）：量取甲醇 99.5mL 和甲酸 0.5mL，混匀。

⑤ 10%钨酸钠溶液：称取钨酸钠 10g，用水定容至 100mL，混匀。

⑥ 15%氨化甲醇：量取甲醇 15mL，用 1%氨水溶液定容至 100mL，混匀。

⑦ 柠檬酸溶液：称取 20g 柠檬酸（$C_6H_8O_7 \cdot H_2O$），加水溶解，定容至 100mL，混匀。

⑧ pH6 的水：水加柠檬酸溶液调 pH 到 6。

⑨ 合成着色剂标准贮备液（1mg/mL）：准确称取按其纯度折算为 100%质量的柠檬黄、日落黄、苋菜红、胭脂红、亮蓝各 0.1g（精确至 0.0001g），置于 100mL 容量瓶中，加 pH6 的水定容至刻度线。

⑩ 合成着色剂标准工作液（50μg/mL）：将标准贮备液加水稀释 20 倍，经 0.45μm 微孔滤膜过滤，配制成质量浓度为 50μg/mL 的合成着色剂标准工作液。

### 3. 实验仪器

① 高效液相色谱仪（HPLC）：配有紫外检测器。

② 电子天平：感量为 0.0001g 和 0.01g。

③ 离心机：转速不低于 4000r/min。

④ pH 计。

⑤ 涡旋振荡器。

⑥ 恒温水浴锅。

⑦ 氮吹仪。

⑧ 容量瓶：100mL、1000mL。

⑨ 烧杯。

## 五、实验方法

### 1. 试样提取

果汁饮料、果汁、碳酸饮料等称取 20～40g 于 100mL 烧杯中，含二氧化碳样品置于 50℃水浴锅中除去二氧化碳，然后加入 1% 的氨水溶液 10mL，涡旋混匀 1min，10000r/min 离心 10min，上清液转移至另一离心管中，然后加入 10% 钨酸钠溶液和 10% 浓硫酸溶液各 2mL，涡旋混匀 1min，10000r/min 离心 5min，上清液转移至另一离心管中待净化。

### 2. 净化

将待净化溶液全部通过 PWA 固相萃取柱（依次用 5mL 甲醇、5mL 水活化），弃去流出液，然后依次用水、甲醇-甲酸和甲醇各 5mL 淋洗，弃去流出液。然后用 5mL 的 15% 氨化甲醇溶液洗脱，收集洗脱液，40℃水浴氮吹至近干，残渣用 5mL 水溶解，涡旋 1min，过 0.22μm 滤膜后上高效液相色谱仪检测。

### 3. 高效液相色谱测定

（1）HPLC 参考条件

① 色谱柱：$C_{18}$ 柱，150mm×4.6mm（内径），5μm。

② 检测器：紫外检测器，检测波长 254nm。

③ 流动相：甲醇+0.02mol/L 乙酸铵溶液，梯度洗脱方法见表 2-19。

④ 流速：1.0mL/min。

⑤ 柱温：35℃。

⑥ 进样量：20μL。

**表 2-19 梯度洗脱方法**

| 时间/min | 流速/（mL/min） | 0.02mol/L 乙酸铵溶液/% | 甲醇/% |
|---|---|---|---|
| 0 | 1.0 | 97 | 3 |
| 5 | 1.0 | 87 | 13 |
| 10 | 1.0 | 80 | 20 |

续表

| 时间/min | 流速/(mL/min) | 0.02mol/L乙酸铵溶液/% | 甲醇/% |
|---|---|---|---|
| 14 | 1.0 | 20 | 80 |
| 18 | 1.0 | 20 | 80 |
| 18.01 | 1.0 | 97 | 3 |
| 25.0 | 1.0 | 97 | 3 |

（2）测定

将样品提取液和合成着色剂标准工作液分别注入高效液相色谱仪，根据保留时间定性，外标峰面积法定量。合成着色剂标准工作液 HPLC 色谱图见图 2-14。

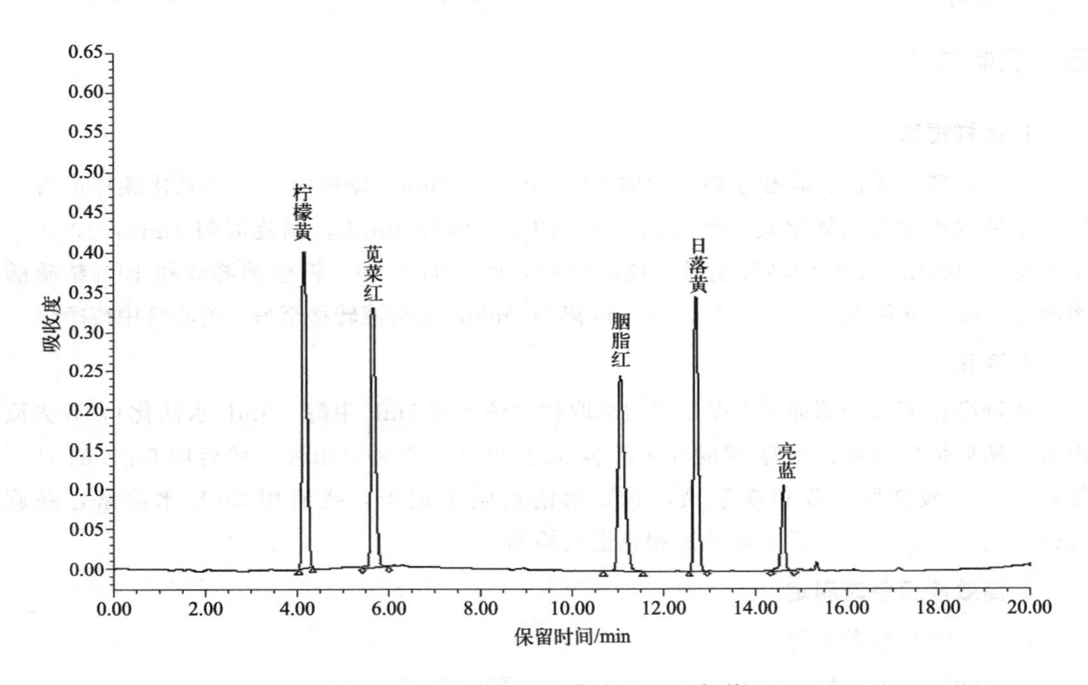


图 2-14　着色剂标准工作液 HPLC 色谱图

## 六、结果计算

试样中着色剂含量按式（2-22）计算：

$$X=\frac{c\times V}{m\times 1000} \tag{2-22}$$

式中　$X$——试样中着色剂的含量，g/kg；

$c$——试样溶液中着色剂的质量浓度，μg/mL；

$V$——被测试样总体积，mL；

$m$——称取试样的质量，g；

1000——单位换算系数。

计算结果以重复性条件下获得的两次独立测定结果的算术平均值表示，结果保留两位有效数字。

## 七、其他

① 方法检出限：柠檬黄、苋菜红、胭脂红、日落黄均为 0.5mg/kg，亮蓝为 1.0mg/kg。

② 在添加质量分数为 2～5mg/kg 时，回收率在 80%～110%，相对标准偏差小于 10%。

③ 在重复性条件下获得的两次独立测定结果的绝对差值不得超过算术平均值的 10%。

## 八、思考题

食品中合成着色剂的测定方法有哪些？

# 实验五 气相色谱法测定食品中脱氢乙酸

## 一、实验目的

① 了解气相色谱法＋外标法测定食品中脱氢乙酸的原理。

② 熟练使用气相色谱仪。

③ 掌握气相色谱法＋外标法测定脱氢乙酸的步骤。

## 二、基础知识

脱氢乙酸（dehydroacetic acid，DHA），即 3-乙酰基-6-甲基-2H-吡喃-2-4(3H)-二酮，又称脱氢醋酸，分子式为 $C_8H_8O_4$，难溶于水，溶于苯、乙醚、丙酮及热乙醇。脱氢乙酸是一种典型的防腐化学药品，对霉菌及酵母菌具有较强的抑制作用，是食品加工行业常用的防腐剂。我国现行标准 GB 2760—2014《食品安全国家标准 食品添加剂使用标准》中对脱氢乙酸在食品中的使用量做了严格的规定，在熟肉制品、面包、糕点、调味品中使用量不可超过 0.5g/kg，在果蔬汁、发酵豆制品、黄油等食品中使用量不得超过 0.3g/kg，在腌制的蔬菜和淀粉制品中不得超过 1.0g/kg。

## 三、实验原理

固体（半固体）样品，经沉降蛋白、脱脂酸化后，用乙酸乙酯提取；果蔬汁、果蔬浆样品经酸化后，用乙酸乙酯提取。用配氢火焰离子化检测器的气相色谱仪分离测定，以色谱峰的保留时间定性，外标法定量。

## 四、试剂与器材

### 1. 试剂和材料

如无其他说明，所有试剂均为分析纯，水应符合 GB/T 6682—2008 规定的二级水。

① 乙酸乙酯（$C_4H_8O_2$）：色谱纯。

② 正己烷（$n$-$C_6H_{14}$）：色谱纯。

③ 盐酸（HCl）。

④ 硫酸锌（$ZnSO_4 \cdot 7H_2O$）。

⑤ 氢氧化钠（NaOH）。

⑥ 标准品：脱氢乙酸（CAS：520-45-6），纯度≥99.5%。

**2. 试剂配制**

① 盐酸溶液（50%，体积分数）：量取50mL盐酸加入50mL水中。

② 硫酸锌溶液（120g/L）：称取12g硫酸锌，溶于水并定容至100mL。

③ 氢氧化钠溶液（20g/L）：称取2g氢氧化钠，溶于水并定容至100mL。

**3. 标准溶液的制备**

① 脱氢乙酸标准贮备液（1.0mg/mL）：准确称取脱氢乙酸标准品0.1g（精确至0.0001g）于烧杯中，用乙酸乙酯溶解并定容至100mL。4℃保存，有效期为3个月。

② 脱氢乙酸标准工作液：分别精确吸取脱氢乙酸标准贮备液0.01mL、0.1mL、0.5mL、1.0mL、2.0mL于10mL容量瓶中，用乙酸乙酯稀释并定容，配制成浓度为1.0μg/mL、10.0μg/mL、50.0μg/mL、100μg/mL、200μg/mL的标准工作液。4℃保存，有效期为1个月。

**4. 仪器和设备**

① 气相色谱仪：配氢火焰离子化检测器（FID）。

② 天平：感量为0.1mg和1mg。

③ 离心机：转速≥4000r/min。

④ 超声波清洗器。

⑤ 粉碎机。

⑥ 不锈钢高速均质器。

⑦ pH计。

⑧ 涡旋振荡器。

⑨ 容量瓶：10mL、25mL、100mL。

⑩ 塑料离心管：50mL。

## 五、实验方法

**1. 试样的制备**

（1）面包、糕点、烘烤食品馅料、复合调味料、预制肉制品及熟肉制品

样品用粉碎机粉碎，称取粉碎的样品2～5g（精确至0.001g），置于50mL离心管中，加入15mL水、2.5mL硫酸锌溶液（120g/L），用氢氧化钠溶液（20g/L）调pH至7.5，超声提取15min，转移至25mL容量瓶中，加水定容至刻度。将样液移入分液漏斗中，加入5mL正己烷，振摇1min，静置分层，取下层水相置于离心管中，4000r/min离心

10min。取10mL上清液，加1mL盐酸溶液酸化，然后加入5.0mL乙酸乙酯，振摇2min，静置分层，取上清液供气相色谱测定。

（2）果蔬汁、果蔬浆

称取样品2～5g（精确至0.001g），置于50mL离心管中，加入10mL水振摇，加1mL盐酸溶液酸化后，准确加入5.0mL乙酸乙酯，振摇提取2min，静置分层，取上清液供气相色谱测定。

**2. 气相色谱测定**

（1）参考条件

毛细管柱：极性毛细管柱（化学键合/交联聚乙二醇石英毛细管色谱柱，30m×0.32mm×0.25μm）。

升温程序：初温150℃，以10℃/min速率升至210℃，以20℃/min速率升至240℃，保持2min。

进样口温度：220℃。

检测器温度：260℃。

氢气流量：40mL/min。

空气流量：350mL/min。

载气（$N_2$）流量：1.0mL/min。

进样方式：分流进样，分流比为5∶1。

进样体积：1.0μL。

（2）标准曲线的绘制

将脱氢乙酸标准工作液注入气相色谱仪中，浓度由低到高进样检测，测定相应峰面积，以标准工作液的浓度为横坐标，峰面积为纵坐标绘制标准曲线。

（3）试样溶液定量测定

将试样溶液注入气相色谱仪中，以保留时间定性，记录相应的脱氢乙酸色谱峰面积，根据标准曲线得到待测液中脱氢乙酸的质量浓度，如组分浓度测定值超过曲线的线性范围，则应稀释后再进样分析。

（4）空白试验

除不加试样外，空白试验应与样品测定平行进行，并采用相同的分析步骤分析。

## 六、结果计算

试样中脱氢乙酸含量按式（2-23）计算：

$$X_1=\frac{(c_1-c_0)\times V_1\times V\times 1000}{m\times V_2\times 1000\times 1000} \tag{2-23}$$

式中 $X_1$——试样中脱氢乙酸的含量，g/kg；

$c_1$——试样溶液中脱氢乙酸的质量浓度，μg/mL；

$c_0$——空白试样溶液中脱氢乙酸的质量浓度，μg/mL；

$V$——乙酸乙酯定容体积，mL；

$m$——称取试样的质量，g；

$V_1$——试样处理后定容体积，mL；

$V_2$——萃取脱氢乙酸所取试样溶液体积，mL；

1000——单位换算系数。

计算结果以重复性条件下获得的两次独立测定结果的算术平均值表示，结果保留三位有效数字。

## 七、精密度

在重复性条件下获得的2次独立测定结果的绝对差值不得超过算术平均值的10%。

## 八、注意事项

① 果蔬汁、果蔬浆取样量5g，确定检出限为0.0003g/kg，定量限为0.001g/kg。其他试样取样量5g，样液定容体积25mL，取10mL样液提取，确定检出限为0.001g/kg，定量限为0.003g/kg。

② 在添加质量分数为2～10mg/kg时，回收率在80%～110%，相对标准偏差小于10%。

③ 气相色谱仪工作时高温，使用维护时避免烫伤。

④ 进样口衬管污染后需要及时更换，否则影响组分分离和峰形。

## 九、思考题

正常情况下，极性物质应选择什么色谱柱来进行分离和分析，为什么？

# 实验六　气相色谱法测定白酒中己酸乙酯

## 一、实验目的

① 了解气相色谱法测定己酸乙酯的原理。

② 熟练使用气相色谱仪。

## 二、实验原理

样品被气化后随同载气进入色谱柱，被测组分和固定相的作用力有差异，作用力较弱的组分会先流出色谱柱。分离后的组分先后流出色谱柱，进入氢火焰离子化检测器，根据色谱图上各组分的保留时间与标样进行对照来定性，利用峰面积，以内标法定量。

## 三、试剂与器材

### 1. 试剂与材料

除另有规定外，本方法所用试剂均为分析纯，水为GB/T 6682—2008规定的二级水。

① 乙醇：色谱纯。

② 己酸乙酯：色谱纯。

③ 乙酸正戊酯：色谱纯。

**2. 溶液配制**

① 乙醇溶液（60%，体积分数）：吸取乙醇240mL，加水160mL，混匀。

② 己酸乙酯溶液（2%，体积分数）：吸取己酸乙酯（色谱纯）2mL，用乙醇溶液定容至100mL。

③ 乙酸正戊酯溶液（2%，体积分数）：吸取乙酸正戊酯（色谱纯）2mL，用乙醇溶液定容至100mL。使用毛细管柱时作为内标物。

**3. 仪器设备**

① 气相色谱仪：带有氢火焰离子化检测器（FID），自动进样器，分流/不分流进样口。

② 涡旋振荡器。

③ 容量瓶：100mL。

## 四、实验方法

（1）色谱参考条件

毛细管柱：LZP-930白酒分析专用柱（25m×0.53mm×1.0μm）或其他中等极性毛细管柱。

程序升温条件：45℃保持1min，以5℃/min速率升温至70℃，然后以20℃/min速率升温至180℃，保持10min。

载气：高纯氮，纯度≥99.999%，流速为4.0mL/min。

进样口温度：220℃。

进样量：0.2μL。

进样方式：分流进样，分流比5∶1。

检测器温度：250℃。

氢气流量：40mL/min。

空气流量：350mL/min。

尾吹：26mL/min。

点火补偿：2.0pA。

（2）校正因子（$f$值）的测定

精确吸取己酸乙酯溶液1.0mL，移入100mL容量瓶中，加入内标溶液（乙酸正戊酯）1.0mL，用乙醇溶液稀释至刻度，上述溶液中己酸乙酯和内标的浓度均为0.02%（体积分数）。待色谱仪基线稳定后，用气相色谱仪测定，标准溶液色谱图见图2-15。记录己酸乙酯和内标峰的保留时间及其峰面积，用其比值计算出己酸乙酯的相对校正因子。校正因子按式（2-24）计算。

$$f=\frac{A_1}{A_2}\times\frac{d_2}{d_1} \tag{2-24}$$

式中　$f$——己酸乙酯的相对校正因子；

$A_1$——标样 $f$ 测定时内标的峰面积；

$A_2$——标样 $f$ 测定时己酸乙酯的峰面积；

$d_2$——己酸乙酯的相对密度；

$d_1$——内标的相对密度。

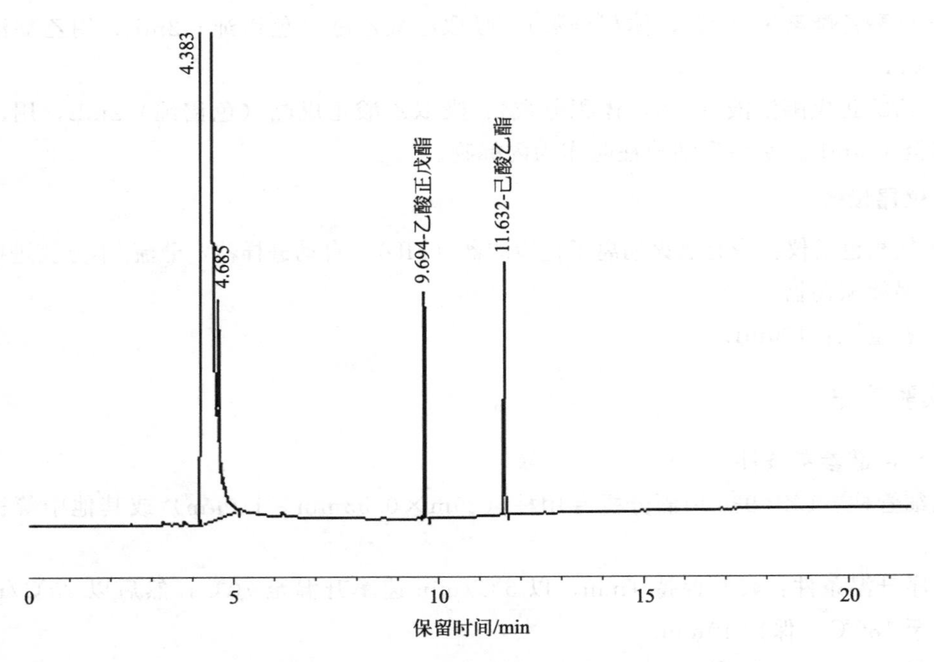


图 2-15　标准溶液色谱图

(3) 定性及定量

保留时间：被测试样中目标组分的保留时间与相应标准色谱峰保留时间相比较，相对误差应在±2.5%以内。

定量方法：内标法。

(4) 样品测定

吸取样品 10.0mL 于 10mL 容量瓶中，加入内标溶液 0.1mL，混匀后在与 $f$ 值测定相同的条件下进样，根据保留时间确定己酸乙酯峰的位置，并确定己酸乙酯与内标峰面积，求出峰面积之比，计算出样品中己酸乙酯的含量。

## 五、结果计算与表述

样品中己酸乙酯含量按式 (2-25) 计算。

$$X = f \times \frac{A_3}{A_4} \times I \times 10^{-3} \qquad (2\text{-}25)$$

式中　$X$——样品中己酸乙酯的质量浓度，g/L；

$f$——己酸乙酯的相对校正因子；

$A_3$——样品中己酸乙酯的峰面积；

$A_4$——添加于酒样中的内标的峰面积；

$I$——内标物的质量浓度，mg/L。

计算结果应表示至两位小数。

## 六、精密度

在重复性条件下，获得的2次独立测定结果的绝对差值不得超过平均值的5%。

## 七、注意事项

① 气相色谱仪工作时温度高，使用及维护时避免烫伤。

② 仪器开机后平衡半小时左右，待基线平稳后再进样。

③ 仪器系统降温至低于100℃后即可关机。

## 八、思考题

内标法和外标法有什么不同？

# 实验七 高效液相色谱法测定饮料中咖啡因

## 一、实验目的

① 了解高效液相色谱仪测定咖啡因的原理。

② 正确使用高效液相色谱仪。

③ 掌握高效液相色谱仪测定咖啡因的方法。

## 二、基础知识

咖啡因是从茶叶、咖啡果中提炼出来的一种生物碱，是一种中枢神经兴奋剂，具有提神醒脑、缓解抑郁等功效，长期或超剂量摄入会对人体肝肾功能造成损害，而且其具有成瘾性。现行国家标准方法GB 2760—2014《食品安全国家标准 食品添加剂使用标准》详细规定了可乐型碳酸饮料中咖啡因最大含量为0.15g/kg。

## 三、实验原理

可乐型碳酸饮料经脱气后用水提取，不含乳的咖啡及茶叶液体饮料制品用水提取后加氧化镁净化；含乳的咖啡及茶叶液体饮料制品经三氯乙酸溶液沉降蛋白；然后经$C_{18}$色谱柱分离，用紫外检测器检测，外标法定量。

## 四、试剂与器材

### 1. 试剂与材料

除非另有说明，试样中所有试剂均为分析纯，试验用水应符合 GB/T 6682—2008 规定的一级水。

① 氧化镁（MgO）。

② 三氯乙酸（$CCl_3COOH$）。

③ 甲醇（$CH_3OH$）：色谱纯。

④ 咖啡因标准品。

⑤ 微孔滤膜：0.45μm，水相。

### 2. 溶液配制

① 三氯乙酸溶液（10g/L）：称取 1g 三氯乙酸于烧杯中，用水溶解，并定容至 100mL，摇匀。

② 咖啡因标准储备液（1.0mg/mL）：准确称取咖啡因标准品 10mg（精确至 0.1mg）于 10mL 容量瓶中，用甲醇溶解，4℃保存。

③ 咖啡因标准中间液（200μg/mL）：准确吸取 2mL 咖啡因标准储备液于 10mL 容量瓶中，用水定容。于 4℃可保存一个月。

### 3. 实验仪器

① 高效液相色谱仪：配有紫外检测器或二极管阵列检测器。

② 电子天平：感量为 0.1mg 和 0.001g。

③ 离心机：转速大于 8000r/min。

④ 超声波清洗器。

⑤ 单通道移液器。

⑥ 容量瓶：10mL、100mL。

⑦ 塑料离心管：15mL、50mL。

⑧ 刻度离心管：10mL。

## 五、实验方法

### 1. 试样制备

（1）可乐型碳酸饮料

将样品置于超声波清洗器中，40℃下超声 10min 进行脱气处理，然后称取 5g（精确至 0.001g）样品于 10mL 刻度离心管中，用水定容至 5mL，摇匀，静置，取上清液经微孔滤膜过滤，备用。

（2）不含乳的咖啡及茶叶液体制品

称取 5g（精确至 0.001g）样品于 10mL 刻度离心管中，加水定容至 5mL，摇匀，静置，取上清液经微孔滤膜过滤，备用。

（3）含乳的咖啡及茶叶液体制品

称取1g（精确至0.001g）样品于15mL塑料离心管中，加入三氯乙酸溶液定容至10mL，摇匀，静置，沉降蛋白，8000r/min离心10min，取上清液经微孔滤膜过滤，备用。

**2. 高效液相色谱测定**

（1）HPLC参考条件

① 色谱柱：$C_{18}$ 柱，150mm×4.6mm（内径），5μm。

② 检测器：二极管阵列检测器或紫外检测器。

③ 流动相：甲醇-水（体积比24∶76）。

④ 流速：1.0mL/min。

⑤ 柱温：35℃。

⑥ 波长：272nm。

⑦ 进样量：20μL。

（2）标准曲线的绘制

分别吸取咖啡因标准中间液0mL、0.1mL、0.5mL、1.0mL、2.5mL、5mL、10mL于10mL容量瓶中，用水定容，其标准系列溶液浓度分别为0μg/mL、2μg/mL、10μg/mL、20μg/mL、50μg/mL、100μg/mL、200μg/mL。将标准曲线工作溶液依次进样检测，以峰面积对浓度作图，绘制标准曲线。咖啡因标准溶液色谱图见图2-16。

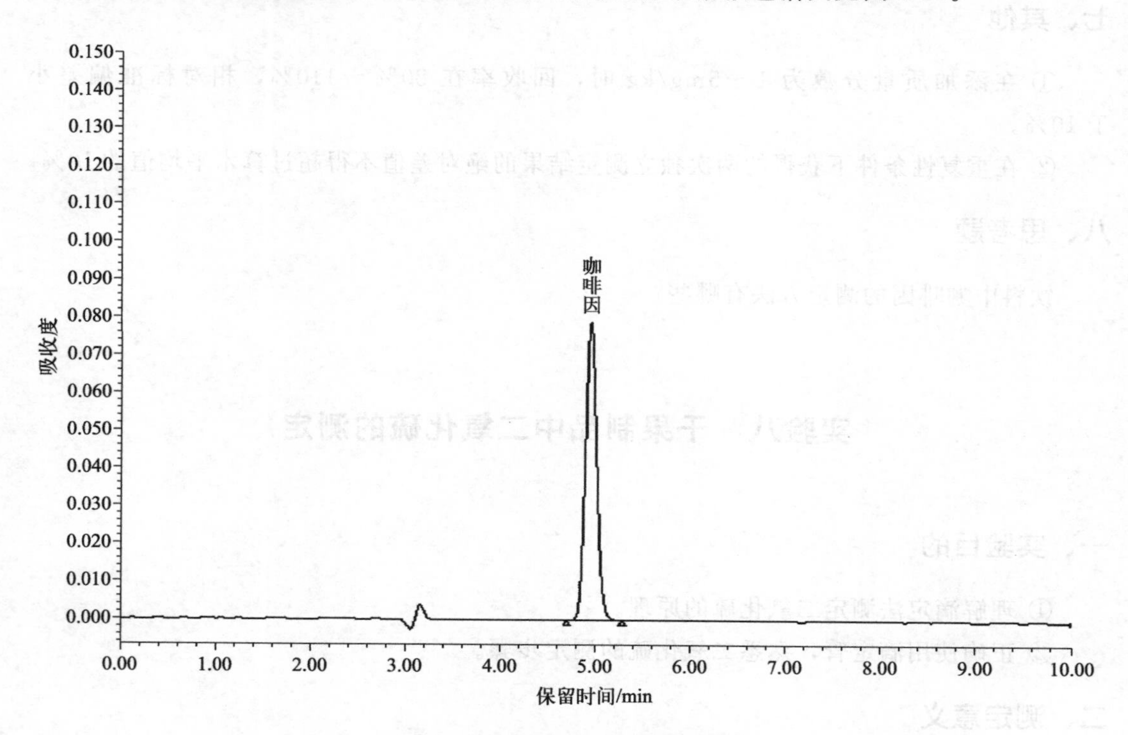


图2-16　咖啡因标准溶液的色谱图

(3) 试样溶液测定

将试样溶液注入液相色谱仪中，以保留时间定性，同时记录峰面积，根据标准曲线得到待测样液中咖啡因的浓度。

待测样液中咖啡因的响应值应在标准曲线线性范围内，超过线性范围则应稀释后再进样分析。

## 六、结果计算

试样中咖啡因含量按式(2-26)计算：

$$X=\frac{c\times V\times 1000}{m\times 1000} \tag{2-26}$$

式中 $X$——试样中咖啡因的含量，mg/kg；

$c$——试样溶液中咖啡因的质量浓度，μg/mL；

$V$——被测试样总体积，mL；

$m$——称取试样的质量，g；

1000——单位换算系数。

计算结果以重复性条件下获得的两次独立测定结果的算术平均值表示，结果保留三位有效数字。

## 七、其他

① 在添加质量分数为1～5mg/kg时，回收率在80%～110%，相对标准偏差小于10%。

② 在重复性条件下获得的两次独立测定结果的绝对差值不得超过算术平均值的10%。

## 八、思考题

饮料中咖啡因的测定方法有哪些？

# 实验八 干果制品中二氧化硫的测定

## 一、实验目的

① 理解滴定法测定二氧化硫的原理。

② 正确使用滴定管，熟悉二氧化硫的测定步骤。

## 二、测定意义

亚硫酸盐是食品工业中广泛使用的一种食品添加剂，可作为食品漂白剂、防腐剂和抗菌剂，也可抑制非酶褐变和酶促褐变，常用于食品的护色、防腐、漂白、抗氧化以及延长食品货架期等。测定时常以二氧化硫残留量计。国内外对食品中二氧化硫的限量都制定了相关标准。国家标准 GB 2760—2014 对二氧化硫在食品中的使用限量做出了规定，最大使用量范围为 0.05～0.4g/kg。故对食品中二氧化硫含量的检测十分重要。

## 三、实验原理

在密闭容器中对样品进行酸化、蒸馏，蒸馏物用乙酸铅溶液吸收。吸收后的溶液用盐酸酸化，碘标准溶液滴定，根据所消耗的碘标准溶液量计算出样品中二氧化硫含量。

## 四、试剂与器材

### 1. 试剂与材料

除另有规定外，本方法所用试剂均为分析纯，水为 GB/T 6682—2008 规定的二级水。

① 盐酸（HCl，36%）。

② 可溶性淀粉［$(C_6H_{10}O_5)_n$］。

③ 氢氧化钠（NaOH）。

④ 碳酸钠（$Na_2CO_3$）。

⑤ 乙酸铅（$C_4H_6O_4Pb$）。

⑥ 硫代硫酸钠（$Na_2S_2O_3 \cdot 5H_2O$）或无水硫代硫酸钠（$Na_2S_2O_3$）。

⑦ 碘（$I_2$）。

⑧ 碘化钾（KI）。

⑨ 重铬酸钾（$K_2Cr_2O_7$）：优级纯，纯度≥99%。

### 2. 试剂配制

① 盐酸溶液（体积分数 50%）：量取 50mL 盐酸，缓缓倾入 50mL 水中，边加边搅拌。

② 淀粉指示液（10g/L）：称取 1g 可溶性淀粉，用少许水调成糊状，缓缓倾入 100mL 沸水中，边加边搅拌，煮沸 2min，放冷备用，临用现配。

③ 乙酸铅溶液（20g/L）：称取 2g 乙酸铅，加入少量水溶解定容至 100mL。

④ 重铬酸钾标准溶液［$c(1/6K_2Cr_2O_7)=0.1000mol/L$］：准确称取 4.9031g 已于 (120±2)℃电烘箱中干燥至恒重的重铬酸钾，用水溶解，并定容至 1000mL。或购买有证书的重铬酸钾标准溶液。

⑤ 硫代硫酸钠标准溶液（0.1 mol/L）：称取 25g 含结晶水的硫代硫酸钠或 16g 无水硫代硫酸钠，溶于 1000mL 新煮沸放冷的水中，加入 0.4g 氢氧化钠或 0.2g 碳酸钠，摇匀，贮存于棕色瓶内。放置两周后过滤，用重铬酸钾标准溶液标定其准确浓度。或购买有证书的硫代硫酸钠标准溶液。

⑥ 碘标准溶液［$c(1/2I_2)=0.1mol/L$］：称取 13g 碘和 35g 碘化钾，加 100mL 水，溶解后加入 3 滴盐酸，用水稀释至 1000mL，过滤后转入棕色瓶。使用前用硫代硫酸钠标准溶液标定。

⑦ 碘标准溶液［$c(1/2\ I_2)=0.01\ mol/L$］：将 0.1 mol/L 碘标准溶液用水稀释 10 倍。

3. 仪器设备

① 全玻璃蒸馏器：500mL，或等效的蒸馏设备。

② 酸式滴定管：25mL 或 50mL。

③ 电子天平：感量 0.001g。

④ 恒温干燥箱。

⑤ 粉碎机。

⑥ 碘量瓶：500mL。

⑦ 容量瓶：100mL、1000mL。

⑧ 铁架台。

## 五、实验方法

### 1. 样品制备

果脯和干果类样品适当剪成小块，再用剪切式粉碎机剪碎，备用。

### 2. 样品蒸馏

称取 5g 样品（精确至 0.001g），置于蒸馏烧瓶中。加入 250mL 水，装上冷凝装置，冷凝管下端插入装有乙酸铅吸收液（25mL）的碘量瓶的液面下，蒸馏烧瓶中加入 10mL 盐酸溶液，盖塞，加热蒸馏。当蒸馏液约 200mL 时，使冷凝管下端离开液面，再蒸馏 1min。用少量蒸馏水冲洗插入乙酸铅溶液的装置部分。

同时做空白试验，除不加样品外，其余步骤相同。

### 3. 滴定

取下碘量瓶，依次加入 10mL 盐酸、1mL 淀粉指示液，摇匀之后用碘标准溶液滴定至溶液颜色变蓝且 30s 内不褪色为止，记录消耗的碘标准滴定溶液体积。

## 六、结果计算

试样中二氧化硫的含量按式（2-27）计算：

$$X=\frac{(V-V_0)\times 0.032\times c\times 1000}{m} \tag{2-27}$$

式中 $X$——试样中的二氧化硫总含量（以 $SO_2$ 计），g/kg；

$V$——滴定样品所用的碘标准溶液体积，mL；

$V_0$——空白试验所用的碘标准溶液体积，mL；

0.032——1mL 碘标准溶液相当于二氧化硫的质量，g；

$c$——碘标准溶液浓度，mol/L；

$m$——试样的质量，g；

1000——单位换算系数。

计算结果以重复性条件下获得的两次独立测定结果的算术平均值表示，当二氧化硫含量≥1g/kg 时，结果保留三位有效数字；当二氧化硫含量＜1g/kg 时，结果保留两位有效数字。

## 七、其他

① 在重复性条件下获得的两次独立测试结果的绝对差值不得超过算术平均值的10%。

② 当取5g固体样品时，方法的检出限（LOD）为3.0mg/kg，定量限为10.0mg/kg。

## 八、注意事项

① 盐酸具有强腐蚀性，稀释时应在通风橱中进行，一边搅拌一边稀释。

② 碘溶液配制时，因为碘不溶于水，溶于碘化钾，需要先配制碘化钾溶液，然后将碘加入碘化钾溶液中，使碘完全溶解。

## 九、思考题

① 滴定法测定干果中二氧化硫的原理是什么？

② 碘不溶于水却溶于碘化钾溶液的原因是什么？碘化钾在其中有什么作用？

# 第六节　食品中食源性致病菌检测技术

## 实验一　胶体金法定性检测食品中单增李斯特菌

### 一、实验目的

① 理解胶体金试纸条夹心法测定的原理。

② 熟悉胶体金法定性检测单增李斯特菌的步骤。

### 二、基础知识及检测意义

单核细胞增生李斯特菌（*Listeria monocytogenes*）简称单增李斯特菌，为革兰氏阳性无芽孢杆菌，根据菌体（O）抗原和鞭毛（H）抗原，将单增李斯特菌分成13个血清型。它是一种人畜共患病的病原菌，广泛存在于自然界中，该病原菌可在4℃条件下生长繁殖，也是在冷藏食品中对人类健康产生威胁的主要致病菌之一。人食用污染的食品后可被感染而引起李斯特菌病，主要表现为肠胃炎、败血症、脑膜炎和单核细胞增多等。世界卫生组织（WHO）将单核细胞增生李斯特菌列为四大食源性的致病菌之一。我国现行标准（GB 29921—2021《食品安全国家标准 预包装食食品中致病菌限量》和GB 31607—2021《食品安全国家标准 散装即食食品中致病菌限量》）中规定单增李斯特菌在肉制品、乳制品、即食果蔬制品、冷冻饮品和散装即食食品中不得检出。

## 三、实验原理

本方法是基于抗原-抗体特异性结合反应、双抗夹心原理和毛细管色谱技术。将特异性识别单增李斯特菌（抗原）的抗体标记在胶体金颗粒表面，将抗单增李斯特菌抗体和二抗固定在硝酸纤维素（NC）膜上，分别作为检测线（T）和质控线（C）。检测时，将待测试样滴加至样品垫上，样品在毛细作用下向试纸条另一端移动，样品中的单增李斯特菌（抗原）先与结合垫上的金标抗体结合形成复合物，再与T线上的抗体结合，形成双抗夹心复合物，T线显色，结果为阳性，过量的金标抗体随着毛细作用移动到质控线（C线）上，与固定在C线上的二抗特性结合，C线显色。反之，则T线不显色，结果为阴性。检测原理如图2-17所示。

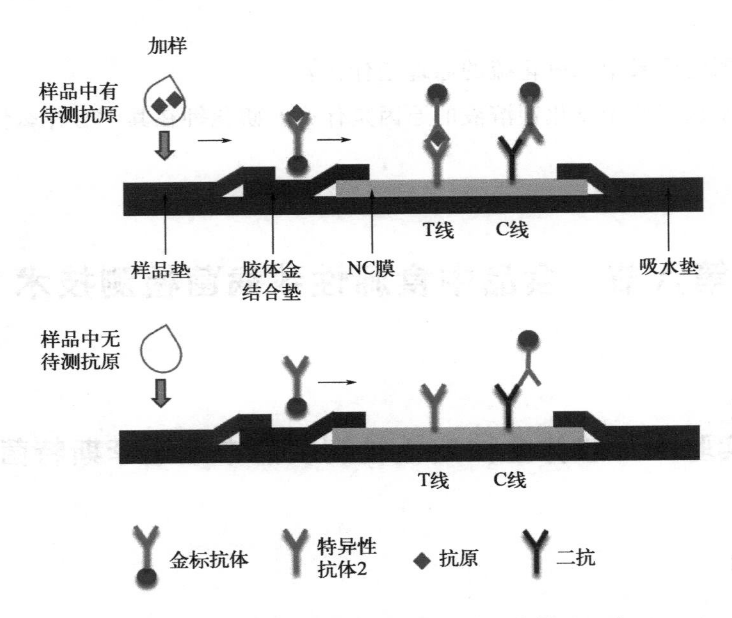


图2-17 胶体金试纸条检测单增李斯特菌原理图

## 四、试剂与器材

### 1. 试剂与材料

除另有规定外，试剂为分析纯或生化试剂。

① 水：应符合GB/T 6682—2008规定。

② Fraser肉汤增菌液基础干粉。

③ 氢氧化钠。

④ 萘啶酮酸。

⑤ 柠檬酸铁铵。

⑥ 盐酸吖啶黄。

⑦ 单增李斯特菌胶体金测试卡。

### 2. 培养基配制

① Fraser 肉汤增菌液：按照产品说明书，定量称取 Fraser 肉汤增菌液基础干粉，加入蒸馏水 1L，充分溶解，分装于三角瓶中，121℃高压灭菌 15min。

② 盐酸吖啶黄溶液：称量盐酸吖啶黄 25mg，加入灭菌蒸馏水 10mL，溶解后过滤除菌，避光保存。

③ 0.05mol/L 氢氧化钠溶液：称取氢氧化钠 0.1g，加入灭菌蒸馏水 50mL，混匀，溶解。

④ 萘啶酮酸钠盐溶液：称量萘啶酮酸 20mg，加入 0.05mol/L 氢氧化钠溶液 10mL，溶解后过滤除菌。

⑤ 柠檬酸铁铵溶液：称量柠檬酸铁铵 0.5g，加入灭菌蒸馏水 10mL，溶解后过滤除菌。

⑥ Fraser 肉汤Ⅰ($FB_1$)：取 Fraser 肉汤增菌液 1000mL，加入盐酸吖啶黄溶液 5mL，萘啶酮酸钠盐溶液 5mL，柠檬酸铁铵溶液 10mL，混匀。

⑦ Fraser 肉汤Ⅱ($FB_2$)：取 Fraser 肉汤增菌液 1000mL，加入盐酸吖啶黄溶液 10mL，萘啶酮酸钠盐溶液 10mL，无菌分装于 10mL 试管中。

### 3. 实验仪器

① 电子天平（感量 0.01g）。

② 均质器。

③ 高压灭菌锅。

④ 恒温培养箱。

⑤ 灭菌吸管、灭菌培养皿、灭菌试管。

⑥ 均质袋。

## 五、实验方法

### 1. 试样制备

无菌条件下称取样品 25g（25mL）至盛有 225mL $FB_1$ 增菌液的均质袋中，用拍击式均质器拍打 1～2min。

### 2. 增菌培养

将均质后的样品放入恒温培养箱（30±1)℃培养 24h，吸取 1mL 培养液加入 10mL $FB_2$ 增菌液，二次增菌培养 18～24h。移取 1mL 增菌液到无菌试管中，于沸水中加热 10min，冷却后使用。

注：也可以按测试卡说明进行样品制备。

### 3. 测定

（1）测定条件

操作在室温下进行，测试卡应回升至室温（20～24℃）后使用。

（2）测定步骤

取培养液 100μL 加入测试卡的加样孔中，约 10min 后观测测试结果。

注：也可按测试卡说明进行测定。

### 4. 质量控制

以单增李斯特菌为阳性对照，以水为空白对照。

## 六、结果判定

### 1. 阳性结果

检测线显色，质控线显色，判定为阳性（图 2-18）。

### 2. 阴性结果

检测线不显色，质控线显色，判定为阴性（图 2-18）。

### 3. 无效结果

质控线不显色，说明此卡无效，需要重新检测（图 2-18）。

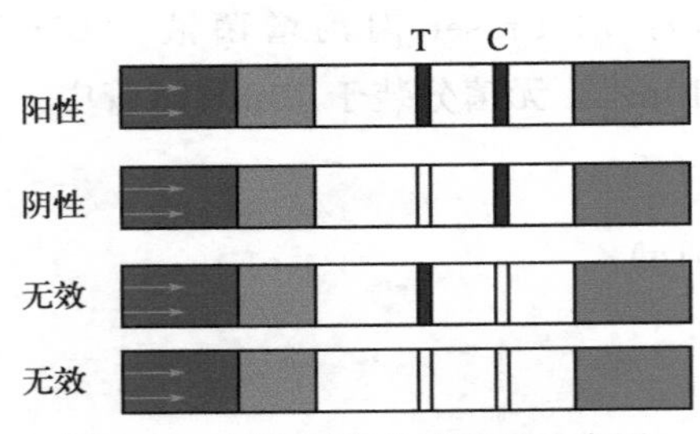


图 2-18　目视判定检测结果示意图

## 七、灵敏度

本方法检测灵敏度约 $10^6$ CFU/mL。

## 八、其他

本方法所述胶体金测试卡产品及操作步骤是为给使用者提供方便，在使用本方法时不做限定。

## 九、注意事项

① 测试卡应按标签说明书储存，使用前恢复至室温。

② 保持干燥，打开包装后尽快使用。

③ 检测时避免交叉污染。

④ 检测过程中的废弃物，收集后焚烧处理，器皿应高压灭菌处理。

## 十、思考题

① 单增李斯特菌检测方法有哪些？

② 双抗夹心法胶体金试纸条检测单增李斯特菌的原理是什么？

# 实验二　核酸试纸条法快速检测乳中金黄色葡萄球菌

## 一、实验目的

① 了解PCR-试纸条法快速检测金黄色葡萄球菌的原理。

② 熟练使用PCR仪。

③ 了解金黄色葡萄球菌鉴定和检测方法。

## 二、基础知识

金黄色葡萄球菌（*Staphylococcus aureus*）隶属于葡萄球菌属，为革兰氏阳性菌，广泛存在于自然环境中，常污染肉和肉制品、乳和乳制品、禽蛋类制品、熟食制品等。在适当的条件下（20～37℃）可产生肠毒素（staphylococcal enterotoxins，SEs），引起食物中毒。我国食品安全国家标准（GB 29921—2021《食品安全国家标准 预包装食品中致病菌限量》和GB 31607—2021《食品安全国家标准 散装即食食品中致病菌限量》）规定，根据采样方案不同食品中金黄色葡萄球菌的限量值为100 CFU/g（mL）或1000 CFU/g（mL）。

## 三、实验原理

样品中金黄色葡萄球菌增菌培养，提取DNA，采用经地高辛和异硫氰酸盐标记的上下游引物对金黄色葡萄球菌*nuc*基因（gennbank号：AP017922.1）进行PCR特异性扩增，获得两端分别带有地高辛和异硫氰酸盐的PCR产物。试纸条样品垫上包被有金标抗异硫氰酸盐的抗体，可与PCR产物上的异硫氰酸盐标记分子特异性结合，在检测线（T线）上包被有抗地高辛抗体，可与PCR产物上的地高辛标记分子结合，T线显色。如DNA模板未扩增，T线不显色。

## 四、试剂与器材

### 1. 试剂与材料

除另有规定外，试剂为分析纯或生化试剂。试验用水应符合GB/T 6682—2008规定的要求。

① 引物：金黄色葡萄球菌扩增引物详见表2-20。

表2-20　试验用引物

| 致病菌 | 引物序列（5′→3′） | 5′标记物 | 靶基因 | 片段长 |
|---|---|---|---|---|
| 金黄色葡萄球菌 | F：5′-CACCTGAAACAAAGCATCCTAAA-3′ | 地高辛 | *nuc* | 149 bp |
| | R：5′-CGCTAAGCCACGTCCATATT-3′ | 异硫氰酸盐 | | |

② 基因组提取试剂盒。

③ PCR 试剂：*Taq*DNA 聚合酶，10×缓冲液，dNTP。

④ 蛋白胨。

⑤ 牛肉膏。

⑥ 氯化钠。

⑦ 试纸条：商品化核酸试纸条（含有纳米金标记的抗异硫氰酸盐的抗体和固定有地高辛抗体）。

**2. 试剂配制**

7.5%氯化钠肉汤：称量蛋白胨 10g，牛肉膏 5.0g，氯化钠 75g，加蒸馏水 1000mL，加热溶解，调节 pH 至 7.4，每瓶分装 225mL，121℃高压灭菌 15min。

**3. 仪器设备**

① PCR 仪。

② 离心机：离心力≥12000$g$。

③ 电子天平：感量 0.01g。

④ pH 计。

⑤ 微量移液器：100 ～1000μL，20～200μL，0.5～10μL。

⑥ 拍击式均质器。

⑦ 培养箱。

⑧ 高压灭菌锅。

## 五、实验方法

**1. 样品制备与增菌**

吸取 25mL 液态乳样品至盛有 225mL 7.5%氯化钠肉汤的无菌锥形瓶中，振荡混匀。置于培养箱中，于（36±1)℃培养 18～24h。

**2. 样品 DNA 提取**

收集菌液，以 12000r/min 离心 1min，收集菌体，采用商品化 DNA 提取试剂盒提取核酸，作为模板 DNA 备用。

**3. PCR 扩增**

（1）PCR 体系（20μL）

DNA 模板 1μL，上游引物（10μmol/L）1μL，下游引物（10μmol/L）1μL，10×缓冲液 2μL，dNTP 0.5μL，*Taq*DNA 聚合酶 0.5μL，无菌水 14μL。

（2）PCR 扩增条件

94℃预变性 5min；94℃变性 30s，55℃退火 30s，72℃延伸 1min，共 35 个循环；72℃延伸 5min，4℃保存。

检测中以金黄色葡萄球菌 DNA 模板作阳性对照，非金黄色葡萄球菌 DNA 模板作阴性对照，用等体积的无菌水代替模板 DNA 作空白对照。

**4. 试纸条检测**

取 PCR 产物 10μL，加入 90μL 无菌水，混匀后滴加于试纸条样品垫上，5min 后观察结果。

**5. 质量控制**

以下条件有一条不满足时，实验视为无效：

① 空白对照：质控线变红，检测线未变红。

② 阴性对照：质控线变红，检测线未变红。

③ 阳性对照：质控线变红，检测线变红。

## 六、结果判定

结果判定与表述如下。

阳性：试纸条上检测线变红色，且质控线变红色，PCR 扩增产物为可疑阳性。

阴性：检测线不变色，质控线变红色，PCR 扩增产物为阴性。判定为不含有金黄色葡萄球菌，表述为未检出金黄色葡萄球菌。

## 七、注意事项

① 检测过程中防止交叉污染。

② 检测过程中的废弃物，收集后在焚烧炉中焚烧处理。

## 八、思考题

① 金黄色葡萄球菌检测方法有哪些？

② PCR-试纸条法快速检测金黄色葡萄球菌的原理是什么？

# 实验三　酶联免疫吸附法快速筛选食品中沙门氏菌

## 一、实验目的

① 掌握双抗夹心酶联免疫法快速检测沙门氏菌的原理。

② 了解沙门氏菌的测定意义和方法。

## 二、基础知识及测定意义

沙门氏菌病，又称副伤寒，是由沙门氏菌属细菌引起的人畜共患性疾病。人类摄食受污染的食品可导致食物中毒和患相应的食源性疾病。据统计在世界各国的各种细菌性食物中毒中，沙门氏菌引起的食物中毒常列榜首。目前，我国现行标准（GB 29921—2021《食品安全国家标准 预包装食品中致病菌限量》和 GB 31607—2021《食品安全国家标准 散装即食食品中致病菌限量》）规定了沙门氏菌在散装即食食品和预包装食品中不得检出。

## 三、实验原理

本方法基于双抗夹心原理检测沙门氏菌。样品经过增菌处理后，加入包被有抗沙门氏菌的特异性抗体（一抗）的微孔板中，抗原-抗体发生特异性结合，洗去未结合的目标菌，加入酶标二抗，洗去未结合的酶标二抗，加入底物，酶催化底物发生反应，生成有色化合物，根据反应液颜色判定样品中是否有目标菌。检测原理如图 2-19 所示。

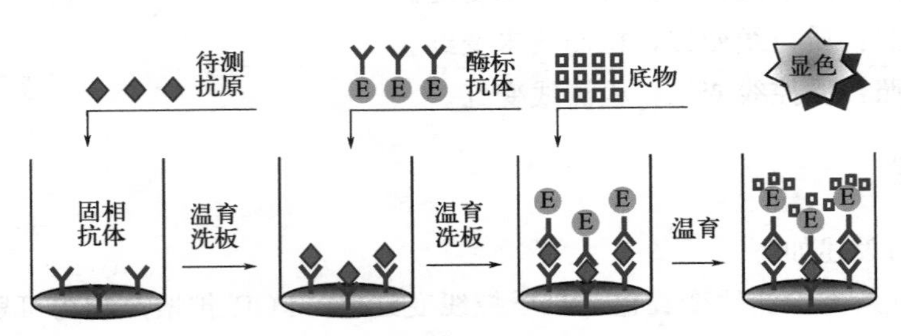


图 2-19　双抗夹心酶联免疫法检测沙门氏菌原理图

## 四、试剂与器材

### 1. 试剂与材料

除另有规定外，试剂为分析纯或生化试剂。

① 水：应符合 GB/T 6682-2008 规定。

② 胰蛋白胨。

③ 大豆蛋白胨。

④ 磷酸氢二钠（含 12 个结晶水）。

⑤ 氯化钠。

⑥ 磷酸二氢钾。

⑦ 磷酸氢二钾。

⑧ 六水氯化镁。

⑨ 孔雀石绿。

⑩ 沙门氏菌商业检测试剂盒。

### 2. 培养基的配制

① 缓冲蛋白胨水（BPW）：称量胰蛋白胨 10g，氯化钠 5.0g，磷酸氢二钠 9.0g，磷酸二氢钾 1.5g，加 1000mL 水溶解，调 pH 值至 7.2，分装后高压灭菌 121℃，15min。

② RVS 培养基：称量大豆蛋白胨 4.5g，氯化钠 7.2g，磷酸二氢钾 1.26g，磷酸氢二钾 0.18g，六水氯化镁 28.6g，孔雀石绿 0.036g，加 1000mL 蒸馏水溶解，调 pH 值至 5.2，分装后高压灭菌 121℃，15min。

### 3. 实验仪器

① 电子天平（感量 0.01g）。

② 高压灭菌锅。

③ 恒温培养箱。
④ pH 计。
⑤ 均质器。
⑥ 96 孔板混匀仪。
⑦ 水浴锅。
⑧ 超净工作台。
⑨ 加热板。
⑩ 八通道移液器。
⑪ 单通道移液器。
⑫ 均质袋或均质杯、灭菌吸管、灭菌试管。

## 五、实验方法

**1. 试样制备及增菌**

无菌条件下称取样品 25g（25mL）放入灭菌均质杯或均质袋中，加入 225mL BPW 培养基，充分均质，(36±1)℃培养 8～18h。取 1mL 增菌液，转接于 10mL RVS 培养基中，(42±1)℃培养 18～24h。

**2. 增菌后处理**

移取 1mL 增菌液到无菌试管中，于沸水中加热 10min，冷却后使用。

注：也可以按试剂盒说明进行增菌处理。

**3. 检验及结果判定**

（1）测定条件

操作在室温下进行，试剂盒在室温下放置 30min，回升至室温后使用。

（2）试样测定及结果判断

取处理后的增菌液按照试剂盒说明书进行免疫反应，与参照值比较，得出检验结果。

## 六、其他

本方法所述试剂盒产品及操作步骤是为给使用者提供方便，在使用本方法时不做限定。

## 七、注意事项

① 试剂盒应按标签说明书储存，使用前恢复至室温。
② 实验中不用的板条和试剂应立即放回 4℃保存，以免变质。
③ 测定中吸取不同的试剂和样品溶液时应更换吸头，以免交叉污染。
④ 洗涤酶标板时应充分拍干，不要将吸水纸直接放入酶标反应孔中吸水。

## 八、思考题

① 沙门氏菌检测方法有哪些？
② 双抗夹心法检测原理是什么？

# 第七节　食品中违法添加物检测技术

## 实验一　气相色谱法测定牛奶中1,2-丙二醇

### 一、实验目的

① 了解气相色谱法测定牛奶中1,2-丙二醇的原理。

② 熟练使用气相色谱仪。

③ 掌握气相色谱法测定1,2-丙二醇的步骤。

### 二、基础知识

1,2-丙二醇(1,2-propanediol)，又名1,2-二羟基丙烷，*α*-丙二醇，分子式$CH_2OHCHOHCH_3$，无色透明黏稠液体，与水、乙醇及多种有机溶剂混溶。我国现行标准GB 2760—2014《食品安全国家标准 食品添加剂使用标准》规定丙二醇可用作稳定剂和凝固剂、抗结剂、消泡剂、乳化剂、水分保持剂、增稠剂，用于生湿面制品（如面条、饺子皮、馄饨皮、烧麦皮）和糕点中，其最大使用量分别为1.5g/kg和3.0g/kg，但不可用于纯牛乳产品。

### 三、实验原理

试样中1,2-丙二醇用无水乙醇提取，提取液过滤后，采用气相色谱法测定。保留时间定性，外标法定量。

### 四、试剂与器材

#### 1. 试剂与材料

如无其他说明，所有试剂均为分析纯，水应符合GB/T 6682—2008规定的二级水。

① 无水乙醇（$CH_3CH_2OH$）。

② 95%乙醇。

③ 乙腈（$CH_3CN$）。

④ 正己烷。

⑤ 微孔滤膜：0.45μm，有机相。

⑥ 氮气：纯度≥99.999%。

⑦ 标准品：1,2-丙二醇，纯度≥99.9%。

#### 2. 标准溶液配制

① 1,2-丙二醇标准储备溶液（10.0mg/mL)：准确称取1,2-丙二醇标准样品1g（精

确到 0.0001g)，用无水乙醇溶解并转移至 100mL 容量瓶中，定容至刻度。贮存于 4℃冰箱中，有效期 3 个月。

② 1,2-丙二醇标准系列工作溶液：准确吸取 1,2-丙二醇标准储备溶液，用无水乙醇逐级稀释，配制成质量浓度为 0.00μg/mL、2.00μg/mL、5.00μg/mL、10.0μg/mL、20.0μg/mL、50.0μg/mL 的 1,2-丙二醇标准系列工作溶液。临用时配制。

**3. 仪器和设备**

① 气相色谱仪（GC）：配氢火焰离子化检测器（FID），带分流/不分流进样口。

② 分析天平：感量分别为 0.0001g 和 0.01g。

③ 离心机：转速不低于 6000r/min。

④ 涡旋振荡器。

⑤ 超声波清洗仪。

⑥ 具塞比色管：50mL。

⑦ 容量瓶：100mL。

## 五、实验方法

**1. 试样的制备**

准确称取混匀牛奶试样 10g（精确到 0.01g）于 50mL 具塞比色管中，用 95%乙醇定容至 50mL，涡旋混匀 1min，超声振荡 10min，6000r/min 离心 3min，取上清液用于气相色谱仪分析。

**2. 气相色谱测定**

(1) 参考条件

色谱柱：键合/交联聚乙二醇固定相石英毛细管色谱柱，30m×0.25mm，0.25μm，或极性相当的色谱柱。

载气：高纯氮，恒流模式，柱流速 0.6mL/min。

采用程序升温：初始温度 60℃，保持 1min，以 15℃/min 速率升温至 150℃，再以 10℃/min 速率升温至 230℃保持 8min。

进样口温度：200℃。

检测器温度：260℃。

氢气流量：40mL/min。

空气流量：350mL/min。

进样量：1μL。

进样方式：分流进样，分流比 5∶1。

(2) 标准曲线的绘制

将标准系列工作液分别注入色谱仪中，浓度由低到高进样检测，测定相应的 1,2-丙二醇色谱峰面积，以峰面积对 1,2-丙二醇质量浓度作图，得到标准曲线回归方程。1,2-丙二醇标样色谱图见图 2-20。

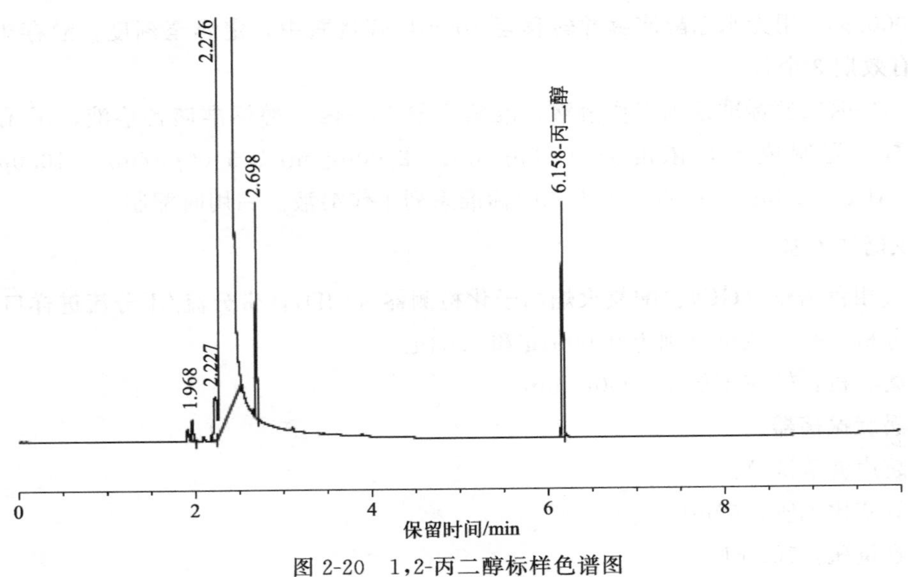


图 2-20　1,2-丙二醇标样色谱图

（3）试样溶液定量测定

将试样溶液注入气相色谱仪中，得到相应的 1,2-丙二醇色谱峰面积，根据标准曲线得到待测液中 1,2-丙二醇的质量浓度，如组分浓度测定值超过曲线的线性范围，则应稀释至合适浓度后再进样分析。

## 六、结果计算

试样中 1,2-丙二醇的含量由色谱数据处理软件计算或按式（2-28）计算：

$$X=\frac{A\times c\times V}{A_s\times m\times 1000}\times\frac{1000}{1000} \tag{2-28}$$

式中　$X$——试样中 1,2-丙二醇的含量，g/kg；

$A$——样液中 1,2-丙二醇的峰面积；

$A_s$——标准溶液中 1,2-丙二醇的峰面积；

$c$——标准溶液中 1,2-丙二醇的质量浓度，μg/mL；

$V$——样液最终定容体积，mL；

$m$——试样的质量，g；

1000——单位换算系数。

计算结果以重复性条件下获得的 2 次独立测定结果的算术平均值表示，结果保留三位有效数字。

## 七、精密度

在重复性条件下获得的 2 次独立测定结果的绝对差值不得超过算术平均值的 10%。

## 八、注意事项

① 气相色谱仪工作时高温，使用维护时避免烫伤。

② 空白试验，除不称取样品外，均按上述测定条件和步骤进行。

③ 当取样量为5g时，本法的检出限为0.01g/kg，定量限为0.03g/kg。

④ 添加质量分数为2～10mg/kg时，回收率在80%～110%，相对标准偏差小于10%。

⑤ 进样口衬管污染后需要及时更换，否则影响组分分离和峰形。

## 九、思考题

1,2-丙二醇的测定方法有哪些？

# 实验二 乳和乳制品中三聚氰胺的测定

## 一、实验目的

① 了解气相色谱-质谱联用法测定三聚氰胺的原理。

② 熟练使用气相色谱-质谱仪。

③ 掌握气相色谱-质谱仪测定三聚氰胺的步骤。

## 二、基础知识

三聚氰胺（melamine），学名三氨三嗪，俗称密胺、蛋白精，是一种三嗪类含氮杂环有机化合物，可溶于甲醇、甲醛、乙酸、热乙二醇、甘油、吡啶等，微溶于水，不溶于丙酮、醚类。广泛用于木材、塑料、涂料、造纸、纺织、皮革和医药等行业。三聚氰胺进入人体后难以代谢和排出，过量摄入会在体内形成结石，从而诱发泌尿系统疾病，甚至导致肾衰竭和死亡。2008年三聚氰胺事件后，三聚氰胺的检测对乳品企业非常重要，是乳品企业质量控制部门日常工作的监测项目，也是市场监管部门重点监管的项目。2008年，卫生部发布的公告中，将三聚氰胺列为食品中可能违法添加的非食用物质名单（第一批）。

## 三、实验原理

试样用超声提取、固相萃取净化后，经硅烷化反应，产物采用选择离子监测（SIM）质谱扫描模式，用化合物保留时间和质谱碎片丰度比定性，外标法定量。

## 四、试剂与器材

### 1. 试剂与材料

如无其他说明，所有试剂均为分析纯，水应符合GB/T 6682—2008规定的一级水。

① 吡啶：优级纯。

② 乙酸铅。

③ 三氯乙酸。

④ 衍生化试剂：*N*,*O*-双三甲基硅基三氟乙酰胺（BSTFA）/三甲基氯硅烷（TMCS）

(体积比 99∶1),色谱纯。

⑤ 氨水:质量分数为 25%~28%。

⑥ 甲醇:色谱纯。

⑦ 三聚氰胺标准储备液:1.0mg/mL,溶剂为甲醇-水(体积比 1∶1)。

⑧ 阳离子交换固相萃取柱:基质为苯磺酸化的聚苯乙烯-二乙烯基苯高聚物,填料质量为 60mg,体积为 3mL,或相当者。使用前依次用 5mL 甲醇、5mL 水活化。

⑨ 微孔滤膜:0.22μm,有机相。

⑩ 氮气:纯度≥99.999%。

**2. 溶液配制**

① 三氯乙酸溶液(1%):准确称取 10g 三氯乙酸于烧杯中,用水溶解并定容至 1000mL,混匀备用。

② 乙酸铅溶液(22g/L):称取 22g 乙酸铅,用约 300mL 水溶解后定容至 1000mL。

③ 氨化甲醇溶液(4%):准确量取 4mL 氨水于 100mL 容量瓶中,用甲醇定容至刻度,混匀后备用。

④ 甲醇水溶液:准确量取 50mL 甲醇和 50mL 水,混匀备用。

⑤ 三聚氰胺标准工作溶液(10μg/mL):准确吸取三聚氰胺标准储备液 1mL 于 100mL 容量瓶中,用甲醇定容至刻度,4℃保存备用。

**3. 仪器与设备**

① 气相色谱-质谱仪(GC-MS):配有电子轰击电离离子源(EI)。

② 分析天平:感量为 0.0001g 和 0.01g。

③ 离心机:转速不低于 7000r/min。

④ 超声波清洗仪。

⑤ 氮吹仪。

⑥ 涡旋振荡器。

⑦ 衍生反应管。

⑧ 容量瓶:25mL、100mL、1000mL。

⑨ 塑料离心管:50mL。

⑩ 单通道移液器:1mL、10mL。

⑪ 移液管。

## 五、实验方法

**1. 试样处理**

(1) 提取

精确称取液态奶或乳粉样品 5.0g 于 50mL 塑料离心管中,加入 30mL 三氯乙酸溶液,涡旋振荡 30s,超声提取 5min,加入 1mL 乙酸铅溶液,用三氯乙酸溶液定容至刻度。涡旋 15s,以不低于 7000r/min 离心 5min,上清液待净化。

（2）净化

准确移取5mL上述净化液移至固相萃取柱中，依次用5mL水、5mL甲醇淋洗，抽近干后用5mL氨化甲醇溶液洗脱。收集洗脱液，50℃氮气吹干。

（3）衍生化

取上述氮气吹干残留物，加入400μL吡啶和100μL衍生化试剂，涡旋30s混匀，在衍生管中70℃反应20min后，供气相色谱-质谱仪定量检测。

**2. 气相色谱-质谱测定**

（1）GC-MS参考条件

色谱柱：5%苯基二甲基聚硅氧烷石英毛细管柱，30m×0.25mm×0.25μm，或极性相当的毛细管柱。

流速：0.7mL/min。

程序升温：100℃保持2min，以15℃/min的速率升温至220℃，保持8min。

进样口温度：230℃。

传输线温度：260℃。

离子源温度：230℃。

四级杆温度：150℃。

进样方式：不分流进样。

进样量：1μL。

电离方式：电子轰击电离（EI）。

电离能量：70eV。

扫描模式：选择离子扫描，定性离子 $m/z$ 99、171、327、342；定量离子 $m/z$ 327。

（2）标准曲线的绘制

准确吸取三聚氰胺标准溶液0mL、0.0625mL、0.125mL、0.25mL、0.625mL、1.25mL、2.5mL，分别置于7个25mL的容量瓶中，用甲醇稀释至刻度。各取1mL用氮气吹干，按照上述步骤进行衍生化处理。配制成衍生化产物浓度分别为0μg/mL、0.05μg/mL、0.1μg/mL、0.2μg/mL、0.5μg/mL、1μg/mL、2μg/mL的标准溶液。反应液供气相色谱-质谱仪测定。以标准工作溶液浓度为横坐标，定量离子峰面积为纵坐标，绘制标准曲线。三聚氰胺标准溶液的GC-MS选择离子质量色谱图和质谱图（软件截图）分别见图2-21和图2-22。

（3）定量测定

待测样液中三聚氰胺的响应值应在标准曲线线性范围内，超过线性范围则应稀释后再进样分析。

（4）定性判定

以标准样品的保留时间和监测离子定性，待测样品中4个离子的丰度比与标准品的相同离子丰度比相差不大于20%。

（5）空白试验

除不称取样品外，均按以上测定条件和步骤进行。

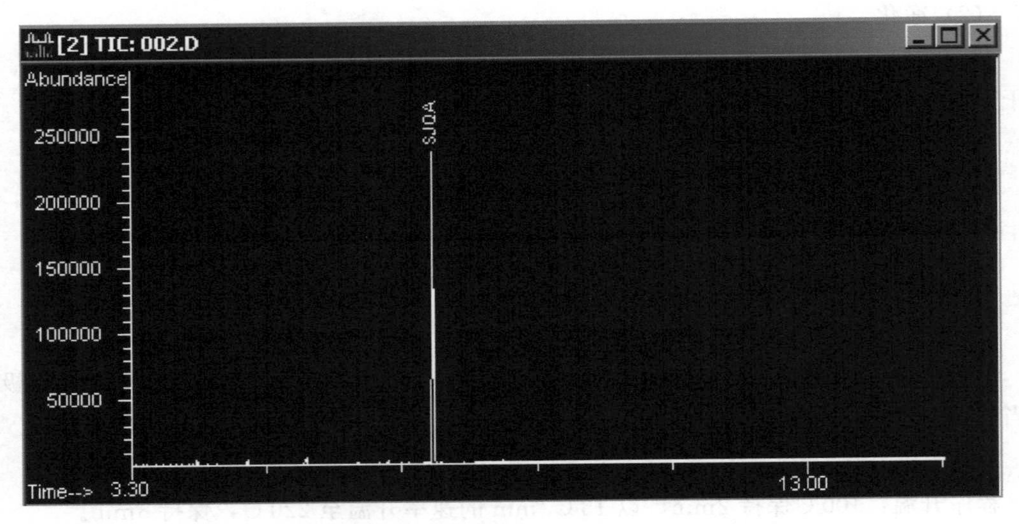


图 2-21　三聚氰胺标准溶液的 GC-MS 选择离子质量色谱图

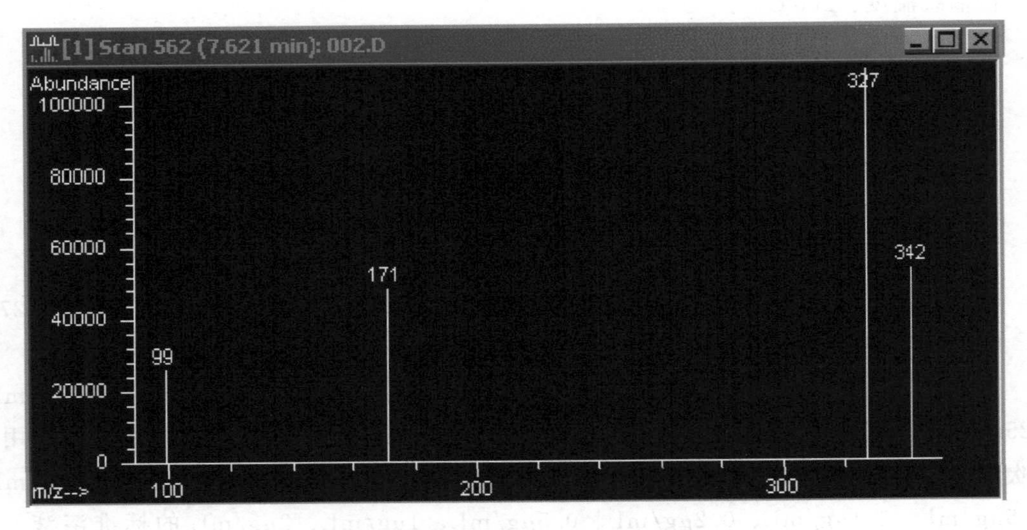


图 2-22　三聚氰胺标准溶液的 GC-MS 选择离子质谱图

## 六、结果计算

试样中三聚氰胺的质量分数由色谱数据处理软件计算或按式（2-29）计算：

$$X=\frac{A\times c\times V\times 1000}{A_s\times m\times 1000}\times f \tag{2-29}$$

式中　$X$——试样中三聚氰胺的含量，mg/kg；

$A$——样液中三聚氰胺的峰面积；

$c$——标准溶液中三聚氰胺的质量浓度，$\mu$g/mL；

$V$——样液最终定容体积，mL；

$A_s$——标准溶液中三聚氰胺的峰面积；

$m$——试样的质量，g；

$f$——稀释倍数；

1000——单位换算系数。

## 七、其他

① 本方法的定量限为0.05mg/kg。

② GC-MS法中，在添加浓度为0.05～2mg/kg时，回收率在70%～110%，相对标准偏差小于10%。

③ 在重复性条件下获得的2次独立测定结果的绝对差值不超过算术平均值的20%。

## 八、注意事项

① 固相萃取小柱挤干或抽干后再进行洗脱步骤。

② 衍生化步骤，标准品和样品必须吹干后才能加入吡啶和衍生试剂，如果有水存在，硅烷化试剂会水解失效，难以进行衍生反应。

③ 衍生步骤反应器皿须能耐较高温度且有一定耐压性能，一般为高温耐压衍生反应专用试管，外旋盖内密封垫为聚四氟乙烯（PTFE）材料，管口必须平整，密封性能完好。

④ 实验使用有机溶剂较多，前处理相关操作应在通风橱中进行。

⑤ 进样口衬管污染后需要及时更换，否则影响组分分离和峰形。

⑥ 质谱仪必须抽真空2～4h后，方可进行空气水检查，再做调谐。通过后进行样品分析。

⑦ 质谱仪真空放空，仪器系统降温至低于100℃后即可关机。

## 九、思考题

食品中三聚氰胺的测定方法有哪些？

# 实验三　小麦粉中吊白块的测定

## 一、实验目的

① 了解用高效液相色谱法测定小麦粉中甲醛次硫酸氢钠的原理。

② 熟练使用高效液相色谱仪。

③ 掌握高效液相色谱法测定甲醛次硫酸氢钠的方法。

## 二、基础知识

甲醛次硫酸氢钠，俗称吊白块，是一种工业用漂白剂，具有强还原性。其水溶液在室温下较为稳定，但是随着温度的升高就会逐渐分解出有害物质，当温度超过 120℃时会彻底分解，其分解产物包括甲醛、二氧化硫和硫化氢等有毒气体，对人体有严重的毒副作用。由于吊白块能改善食品的外观和口感，常被不法分子用于食品加工中，如米面制品、水发制品和豆制品等。2008 年，卫生部公布将吊白块列入《食品中可能违法添加的非食用物质名单》，严禁在食品生产加工过程中添加使用。

## 三、实验原理

在酸性溶液中，小麦粉中残留的甲醛次硫酸氢钠分解释放出的甲醛被水提取，提取后的甲醛与 2,4-二硝基苯肼发生加成反应，生成黄色的 2,4-二硝基苯腙，用正己烷萃取后，经高效液相色谱仪分离，与标准甲醛衍生物的保留时间对照定性，用标准曲线法定量。

## 四、试剂与器材

### 1. 试剂与材料

所有试剂均为分析纯，水应符合 GB/T 6682—2008 规定的一级水。

① 正己烷：色谱纯。

② 乙腈：色谱纯。

③ 盐酸。

④ 乙醇。

⑤ 氯化钠。

⑥ 甲醛标准溶液。

⑦ 磷酸氢二钠（$Na_2HPO_4 \cdot 12H_2O$）。

⑧ 2,4-二硝基苯肼。

⑨ 0.45μm 孔径滤膜。

### 2. 试剂配制

① 盐酸-氯化钠溶液：称取 20g 氯化钠于烧杯中，用少量水溶解，加 6mL 37%的盐酸，加水定容至 1000mL。

② 甲醛标准储备溶液（40μg/mL）：用甲醛标准溶液配制成 40μg/mL 的标准储备液，4℃条件下可保存 1 个月。

③ 甲醛标准工作液（2μg/mL）：准确量取一定量经标定的甲醛标准储备液，配制成 2μg/mL 的甲醛标准工作液，现用现配。

④ 磷酸氢二钠溶液：称取 18g $Na_2HPO_4 \cdot 12H_2O$，加水溶解并定容至 100mL。

⑤ 纯化的 2,4-二硝基苯肼：称取 2,4-二硝基苯肼 20g 于烧杯中，加入 167mL 乙腈和 500mL 水，搅拌至完全溶解，放置过夜。用定性滤纸过滤结晶，分别用水和乙醇反复洗涤 5～6 次，置于干燥器中备用。

⑥ 衍生剂：称取纯化的 2，4-二硝基苯肼 200mg，用乙腈溶解并定容至 100mL。

⑦ 流动相：乙腈-水（体积比 50∶50），用 0.45μm 孔径滤膜过滤，备用。

**3. 仪器设备**

① 高效液相色谱仪（HPLC），配有紫外检测器。

② 电子天平：感量为 0.01g 和 0.0001g。

③ 高速离心机：最大转速 10000r/min。

④ 恒温水浴锅。

⑤ 涡旋振荡器。

⑥ 超声波提取仪。

⑦ 移液管：10mL、5mL、1mL。

⑧ 容量瓶：100mL、1000mL。

⑨ 比色管：25mL、50mL。

⑩ 塑料离心管：50mL。

⑪ 具塞三角瓶：150mL。

## 五、实验方法

**1. 试样制备**

准确称量小麦粉样品约 5g，置于 50mL 比色管中，加入 50mL 盐酸-氯化钠溶液，经涡旋振荡器涡旋 10min，置于超声波提取仪振荡提取 10min。将提取溶液转移至 50mL 离心管中，于 10000r/min 离心 15min，上清液备用。

**2. 色谱参考条件**

色谱柱：$C_{18}$ 柱，4.6mm×250mm，5μm。

紫外检测器条件：检测波长为 355nm。

流动相：乙腈-水（体积比 50∶50）。

流速：1.0mL/min。

**3. 标准曲线的绘制**

分别量取 0mL、0.25mL、0.5mL、1.0mL、2.0mL、4.0mL、8.0mL 甲醛标准工作液于 25mL 的比色管中（相当于 0μg、0.5μg、1.0μg、2.0μg、4.0μg、8.0μg、16μg 甲醛），分别加入盐酸-氯化钠溶液 2mL、磷酸氢二钠溶液 1mL、衍生剂 0.5mL，然后补加水至 10mL，盖上塞子，混匀。置于 50℃水浴锅中加热 40min，取出用流水冷却至室温。然后加入正己烷 5mL，将比色管横置，水平方向轻轻摇荡 3～5 次，将比色管倾斜放置，增加正己烷与水溶液的接触面积。在 1h 内每隔 5min 轻轻摇荡 3～5 次，然后静置 30min，取 10μL 正己烷萃取液进样。以所取甲醛标准工作液中甲醛的质量（μg）为横坐标，甲醛衍生物苯腙的峰面积为纵坐标，绘制标准曲线。

**4. 试样测定**

取 2.0mL 样品前处理所得上清液于 25mL 比色管中，加入 1mL 磷酸氢二钠溶液、0.5mL 衍生剂，加水定容至 10mL，盖上塞子，混匀。以下按照标准曲线的绘制自“置于 50℃水浴锅中加热 40min 后”起依次操作，并与标准曲线比较定量。HPLC 色谱图见

图 2-23。

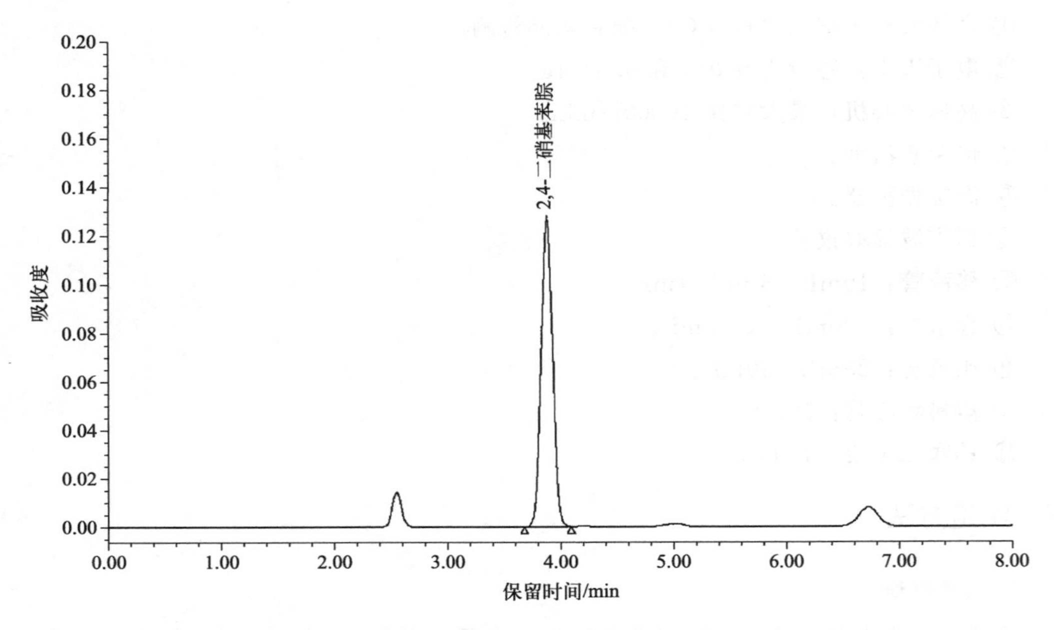


图 2-23 甲醛衍生物 2,4-二硝基苯腙的色谱图

## 六、结果计算

试样中甲醛次硫酸氢钠含量（以甲醛计）按式（2-30）计算：

$$X=\frac{m_1\times 50}{m\times 2} \tag{2-30}$$

式中 $X$——试样中甲醛的含量，μg/g；

$m_1$——按甲醛衍生物苯腙峰面积，从标准曲线得到的甲醛质量，μg；

50——样品加提取液的体积，mL；

2——测定用样品提取液体积，mL；

$m$——样品质量，g。

以两次试验测定结果的算术平均值为样品甲醛含量，保留小数点后 1 位。

## 七、精密度

在重复性条件下获得的两次独立测定结果的绝对差值不得超过算术平均值的 15%。

## 八、注意事项

振荡时不宜过于剧烈，以免发生乳化。如果出现乳化现象，滴加 1～2 滴无水乙醇。

# 实验四　间接竞争酶联免疫法测定猪肉中己烯雌酚残留

## 一、实验目的

① 理解间接竞争酶联免疫法测定己烯雌酚的原理。

② 正确使用酶标仪。

③ 熟悉标准曲线的制作及间接竞争酶联免疫法测定步骤。

## 二、基础知识

己烯雌酚（diethyl stilbestrol，DES）是人工合成的非甾体雌激素类药物，由于具有可促进蛋白质代谢合成、提高饲料转化率等作用，常被作为生长促进剂应用于动物的促生长和育肥。己烯雌酚可在动物的肝脏、肌肉、脂肪等处残留，此类残留己烯雌酚的动物源性食品被人食用后会对肝、肾等内脏造成损害，对人体健康和生态环境均会造成严重危害。2002 年，农业部第 193 号公告禁止己烯雌酚在所有食用动物中使用，并在第 235 号公告中规定己烯雌酚在动物源食品中不得检出。

## 三、实验原理

本实验采用间接竞争酶联免疫吸附法（图 2-24），酶标板中包被有己烯雌酚抗原，加抗体和待测试样，试样中的己烯雌酚和包被抗原竞争结合抗体。加入酶标二抗，然后加入底物显色，终止液终止反应。采用酶标仪在 450nm 波长处测定吸光值，吸光值与己烯雌酚浓度呈负相关，根据标准曲线计算出试样中己烯雌酚含量。

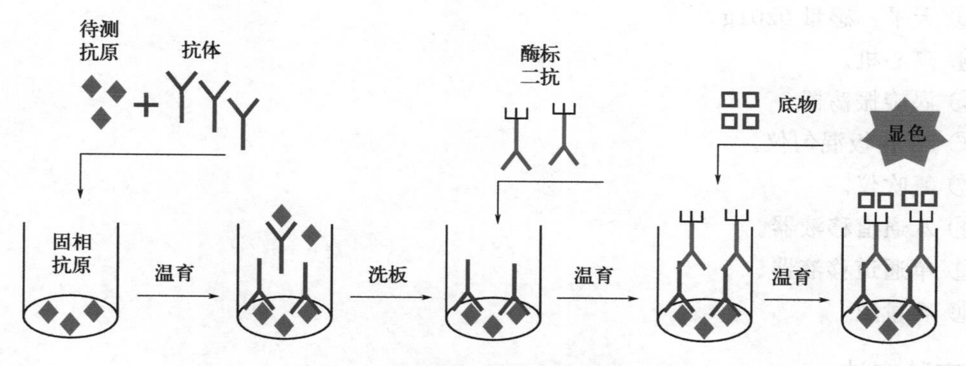


图 2-24　间接竞争酶联免疫吸附法检测己烯雌酚原理图

## 四、试剂与器材

### 1. 试剂与材料

除非另有说明，本方法所用试剂均为分析纯，水应符合 GB/T 6682—2008 规定的二级水。

① 乙腈。

② 丙酮。

③ 三氯甲烷（氯仿）。

④ 氢氧化钠。

⑤ 磷酸（85%）。

⑥ 己烯雌酚 ELISA 试剂盒：96 孔板（12 条×8 孔，包被有己烯雌酚偶联抗原），己烯雌酚标准溶液，己烯雌酚抗体溶液，酶标二抗溶液，浓缩缓冲液，浓缩洗涤液，底物溶液，终止反应液。

### 2. 溶液配制

① 乙腈-丙酮溶液（84∶16，体积比）：取乙腈 84mL 和丙酮 16mL，混匀。

② 2mol/L 氢氧化钠溶液：称取 8.0g 氢氧化钠，用水溶解，定容至 100mL，冷却至室温。

③ 6mol/L 磷酸溶液：100mL 磷酸加去离子水 150mL，混匀备用。

④ 己烯雌酚标准工作液：根据试剂盒说明书进行稀释，将己烯雌酚标准溶液稀释成不同浓度的工作溶液，现配现用。

⑤ 缓冲工作液：将浓缩缓冲液按说明书稀释，混匀后备用。

⑥ 洗板工作液：将浓缩洗涤液按说明书稀释，混匀后备用。

### 3. 实验仪器

① 酶标仪：450nm 滤光片。

② 匀浆机。

③ 天平：感量 0.01g。

④ 离心机。

⑤ 涡旋振荡器。

⑥ 96 孔板混匀仪。

⑦ 氮吹仪。

⑧ 八通道移液器。

⑨ 单通道移液器。

⑩ 容量瓶。

## 五、实验方法

### 1. 试样的制备

取新鲜猪肉，剪碎，置于匀浆机中高速匀浆。

### 2. 试样提取

称取 2g 试样（精确到 0.02g），加入乙腈-丙酮溶液 6mL，振荡 10min，15℃，3000r/min

离心 10min。取 3mL 上清液，在 60℃水浴下氮气吹干。加入 0.5mL 氯仿，涡旋，加入 2mL 氢氧化钠溶液（2 mol/L），涡旋，3000r/min 离心 5min。取 1mL 上清液，加入 200μL 磷酸溶液（6 mol/L），涡旋，加入 3mL 乙腈溶液，振荡 10min，3000r/min 离心 10min。取上层有机相 1mL，60℃水浴下氮气吹干。加入 1mL 缓冲工作液溶解残渣，取 50μL 作为试样液分析。本方法的稀释倍数为 6 倍。

注：也可以按试剂盒说明书要求进行样品制备。

### 3. 试样测定

① 试剂盒在室温（20～25℃）下放置 1～2h，使其恢复至室温。

② 将酶标条插入微孔架并做好标记，其中包括空白对照孔、标准液孔和样液孔，分别做 2 个或 2 个以上平行孔。

③ 分别吸取 50μL 缓冲工作液、己烯雌酚系列标准溶液和试样溶液，依次加入空白对照孔、标准液孔和样液孔。

④ 每孔加入 50μL 己烯雌酚抗体工作液，混匀，用盖板膜盖板后，37℃避光孵育 30min。

⑤ 倾倒孔中溶液，将微孔板倒扣在吸水纸上反复拍打，然后每孔加入 250μL 洗板工作溶液，反复洗涤 3 次（或用洗板机洗涤）。

⑥ 加入酶标二抗 100μL/孔，用盖板膜盖板后，37℃避光孵育 30min。

⑦ 倾倒孔中溶液，加入 250μL 洗板工作溶液，反复洗涤 3 次。

⑧ 迅速加入底物显色剂 100μL/孔，振荡混匀后，37℃避光孵育 15min。

⑨ 加终止反应液 50μL/孔，振荡混匀后，将微孔板置于酶标仪中，在 450nm 处测定吸光值。

注：也可以按试剂盒说明书要求进行测定。

## 六、结果计算

用获得的标准溶液和试样溶液吸光值的比值计算相对吸光值，见式（2-31）：

$$\text{相对吸光值（\%）}=\frac{B}{B_0}\times 100\% \tag{2-31}$$

式中　$B$——标准（试样）溶液的吸光值；

$B_0$——空白（浓度为 0 标准溶液）的吸光值。

以相对吸光值为纵坐标（%），己烯雌酚标准工作液浓度（ng/mL）的自然对数为横坐标，绘制标准工作曲线。从标准工作曲线上得到试样溶液中相应的己烯雌酚浓度后，结果按式（2-32）进行计算。

试样中己烯雌酚的含量按式（2-32）计算：

$$X=\frac{c\times V\times f}{m}\times\frac{1000}{1000} \tag{2-32}$$

式中　$X$——试样中己烯雌酚残留量，μg/kg；

$c$——从标准工作曲线上得到的试样溶液中己烯雌酚浓度，ng/mL；

$V$——试样溶液的体积，mL；

$f$——稀释倍数；

$m$——称取的试样质量，g；

1000——单位换算系数。

结果表示到小数点后两位。

## 七、精密度

本方法批内变异系数≤20%，批间变异系数≤30%。

## 八、注意事项

① 试剂应按标签说明书储存，使用前恢复至室温。

② 实验中不用的板条和试剂应立即放回4℃保存，以免变质。

③ 测定中吸取不同的试剂和样品溶液时应更换吸头，以免交叉污染。

④ 加样时要避免加在孔壁上部，不可溅出，加入试剂的顺序应一致，以保证所有反应板孔温育的时间一样。

⑤ 洗涤酶标板时应充分拍干，不要将吸水纸直接放入酶标反应孔中吸水。

## 九、思考题

① 食品中己烯雌酚测定方法有哪些？

② 间接竞争酶联免疫吸附法测定己烯雌酚的原理是什么？

# 实验五　植物油中邻苯二甲酸酯的测定

## 一、实验目的

① 通过气相色谱-质谱仪外标法来测定植物油中邻苯二甲酸酯的含量。

② 熟悉气相色谱-质谱仪操作步骤。

## 二、基础知识

邻苯二甲酸酯（PAEs），又称酞酸酯，是邻苯二甲酸形成的酯的统称。PAEs作为增塑剂被用于生产医疗制品、塑料玩具、美容用品和食品包装等。由于PAEs与高分子聚合物之间是物理结合非共价键化学结合，故会慢慢从材料中逸出进入食品。PAEs是持久性有毒物质和环境激素，可干扰内分泌系统，对人体健康有严重危害。世界各国的食品安全法规均禁止将PAEs作为食品添加剂用于食品生产，2011年6月卫生部紧急发布公告，将17种PAEs物质列入《食品中可能违法添加的非食用物质和易滥用的食品添加剂名单

（第六批）》。

## 三、实验原理

食品经提取、净化后采用气相色谱-质谱法测定。采用选择离子监测（SIM）扫描模式，以保留时间和定性离子碎片丰度比定性，外标法定量。

## 四、试剂与器材

### 1. 试剂与材料

如无其他说明，所有试剂均为分析纯，水应符合 GB/T 6682—2008 规定的二级水。

① 正己烷（$C_6H_{14}$）。

② 乙腈（$C_2H_3N$）。

③ 丙酮（$CH_3COCH_3$）。

④ 二氯甲烷（$CH_2Cl_2$）。

⑤ 标准溶液：邻苯二甲酸二正丁酯(DBP)、邻苯二甲酸二(2-乙基)己酯(DEHP)，浓度为 1000μg/mL。

⑥ 固相萃取柱：PSA/Silica 复合填料玻璃柱（1000mg，6mL）。

### 2. 标准溶液配制

DBP、DEHP 标准中间液（10μg/mL）：分别准确移取 DBP、DEHP 标准溶液（1000μg/mL）各 1mL 至 100mL 容量瓶中，加入正己烷并定容至刻度。

邻苯二甲酸酯标准系列工作液：准确吸取一定量的 DBP、DEHP 标准中间液（10μg/mL），用正己烷逐级稀释，配制成浓度为 0.0μg/mL、0.02μg/mL、0.05μg/mL、0.10μg/mL、0.20μg/mL、0.50μg/mL、1.0μg/mL 的标准系列溶液，临用时配制。

### 3. 仪器设备

① 气相色谱-质谱联用仪（GC-MS）。

② 分析天平：精度 0.0001g。

③ 氮吹仪。

④ 涡旋振荡器。

⑤ 超声波清洗仪。

⑥ 离心机：转速≥4000r/min。

⑦ 容量瓶：25mL、100mL。

⑧ 具塞磨口离心管：10mL。

注：所用玻璃器皿洗净后，用重蒸水淋洗 3 次，丙酮浸泡 1h，在 200℃下烘烤 2h，冷却至室温备用。

## 五、实验方法

### 1. 试样处理

植物油等液态油脂混匀后，准确称取 0.5g（精确至 0.0001g）于 10mL 具塞磨口离心管中，依次加入100μL正己烷和2mL乙腈，涡旋1min，超声提取20min，4000r/min离心5min，收集上清液。残渣中加入2mL乙腈，涡旋1min，4000r/min离心5min。再加入2mL乙腈重复提取1次，合并3次上清液，待固相萃取（SPE）净化。

**2. SPE净化**

固相萃取小柱依次加入5mL二氯甲烷、5mL乙腈活化，弃去流出液；将待净化液加入SPE小柱，收集流出液；再加入5mL乙腈，收集流出液，合并两次收集的流出液，加入1mL丙酮，40℃氮吹至近干，正己烷准确定容至2mL，涡旋混匀，供GC-MS分析。

**3. 空白试验**

除不加试样外，均按试样的测定步骤进行。

注：整个操作过程中，应避免接触塑料制品。

**4. 仪器参考条件**

（1）色谱条件

色谱柱：5%苯基-甲基聚硅氧烷石英毛细管色谱柱，柱长30 m，内径0.25mm，膜厚0.25μm，或性能相当者。

进样口温度：260℃。

程序升温：初始柱温60℃，保持1min；以20℃/min升温至220℃，保持1min；再以5℃/min升温至250℃，保持1min；再以20℃/min升温至290℃，保持7.5min。

载气：高纯氦（纯度≥99.999%），流速1.0mL/min。

进样方式：不分流进样。

进样量：1μL。

（2）质谱参考条件

电离方式：电子轰击电离源（EI）。

电离能量：70eV。

传输线温度：280℃。

离子源温度：230℃。

监测方式：选择离子监测（SIM），监测离子见表2-21。

溶剂延迟：3min。

**表2-21　邻苯二甲酸酯保留时间、定性和定量离子**

| 化合物名称 | 保留时间 | 定性离子 | 定量离子 |
|---|---|---|---|
| DBP | 8.90min | 149，223，205，104 | 149 |
| DEHP | 13.41min | 149，167，279，113 | 149 |

**5. 标准曲线的绘制**

将标准系列工作液分别注入气相色谱-质谱联用仪中，测定相应的邻苯二甲酸酯的峰面积，以标准工作液的质量浓度为横坐标，相应的峰面积为纵坐标绘制标准曲线。DBP、DEHP标准溶液质量色谱图（软件截图）见图2-25。

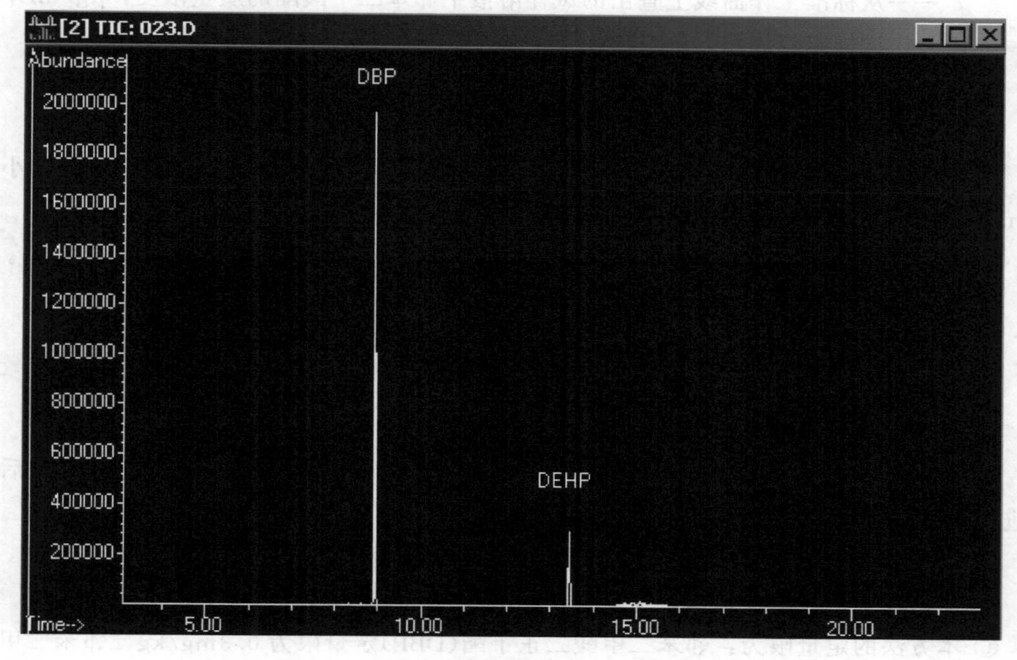


图 2-25　DBP、DEHP 标准溶液质量色谱图

**6. 试样溶液的测定**

（1）定量测定

将试样溶液注入气相色谱-质谱联用仪中，得到相应的邻苯二甲酸酯的峰面积，根据标准曲线得到待测液中邻苯二甲酸酯的浓度。

（2）定性确认

在上述仪器条件下，试样待测液和邻苯二甲酸酯标准品的目标化合物在相同保留时间处（±0.5%）出现，并且对应质谱碎片离子的质荷比与标准品的质谱图一致，其丰度比与标准品相比应符合表 2-22，可定性目标化合物。

**表 2-22　气相色谱-质谱定性确证相对离子丰度最大容许偏差**

| 相对丰度（基峰） | >50% | >20%～50%（含） | >10%～20%（含） | ≤10% |
|---|---|---|---|---|
| GC-MS 相对离子丰度最大允许偏差 | ±10% | ±15% | ±20% | ±50% |

## 六、结果计算

试样中邻苯二甲酸酯的含量按式（2-33）计算：

$$X=\rho\times\frac{V}{m}\times\frac{1000}{1000} \tag{2-33}$$

式中　$X$ ——试样中邻苯二甲酸酯的含量，mg/kg；

$\rho$ ——从标准工作曲线上查出的试样溶液中邻苯二甲酸酯的质量浓度，μg/mL；

$V$ ——试样定容体积，mL；

$m$ ——试样的质量，g；

1000 ——单位换算系数。

计算结果应扣除空白值。结果大于等于 1.0mg/kg 时，保留三位有效数字；结果小于 1.0mg/kg 时，保留两位有效数字。

在重复性条件下获得的两次独立测定结果的绝对差值不得超过算术平均值的 10%。

## 七、注意事项

① 所有实验器皿、用具均避免使用、接触塑料制品。

② 色谱柱在使用前需要充分烘烤老化，避免对组分测定产生影响。

③ 质谱仪抽真空至少 2～4h 后，进行空气水检查，通过检查再进行调谐。完成后方可进行样品分析。

④ 气相色谱-质谱仪工作时高温，使用维护时避免烫伤。

⑤ 质谱仪真空放空，仪器系统降温至低于 100℃后即可关机。

⑥ 本方法的定量限为：邻苯二甲酸二正丁酯(DBP)定量限为 0.3mg/kg，邻苯二甲酸二(2-乙基)己酯(DEHP)定量限为 0.5mg/kg。

## 八、思考题

使用或接触了塑料制品对本实验有什么影响？

# 实验六　免疫胶体金法快速测定生乳中 β-内酰胺酶

## 一、实验目的

① 了解采用免疫胶体金法测定 β-内酰胺酶的原理和步骤。

② 了解 β-内酰胺酶的测定意义及检测方法。

## 二、基础知识

β-内酰胺酶（β-lactamase）是由革兰氏阳性细菌产生和分泌的多种酶组成的酶家族，分子量在 28000～32000 之间，可选择性分解牛奶中残留的 β-内酰胺类抗生素。因此，该酶常被不法商贩添加到牛奶中以降解残留的抗生素，作为“解抗剂”以掩盖其中残留的抗生素。β-内酰胺酶的滥用可导致细菌对青霉素、头孢菌素等抗生素类药物耐药性增高，从而降低人们抵抗传染病的能力，危害消费者的身体健康。我国于 2009 年公布的《食品中可能违法添加的非食用物质名单》中，将 β-内酰胺酶列入乳与乳制品中违法添加的非食用物质。

## 三、实验原理

本方法是通过测定样品中被β-内酰胺酶分解后残留的青霉素，间接测定生乳中是否含有β-内酰胺酶。

## 四、试剂与器材

### 1. 试剂与材料

除非另有规定，仅使用分析纯试剂。

β-内酰胺酶试剂盒，具体储存要求参照说明书。试剂盒内包含：青霉素微孔或试剂瓶、金标颗粒青霉素受体试剂微孔、胶体金试纸条。

### 2. 仪器设备

① 孵育器：(40±2)℃。

② 移液器：200μL。

## 五、实验方法

### 1. 样品

样品恢复至室温后进行测定。

### 2. 测定步骤

① 将试剂盒里的测试卡回升至室温。

② 吸取 200μL 试样加入青霉素微孔或试剂瓶中，每个样品做 2 个平行试验。充分混合后，置于预热好的孵育器中孵育，然后将全部试液转移至受体试剂微孔中，充分混合后，再次置于孵育器中孵育，结束后将对应的试纸条吸水端插入微孔中，3～5min 后观察结果。

注：不同商业试剂盒的产品组成和测定步骤有差异，应按照产品说明书进行测定。

## 六、结果判定

通过比较检测线（T 线）和控制线（C 线）颜色进行判定（如图 2-26），判定时间不超过 5min。

① 阳性：检测线（T 线）显色并等于或强于控制线（C 线）颜色，控制线（C 线）显色，表示试样中含有β-内酰胺酶，且浓度高于检出限。

② 阴性：检测线（T 线）不显色或显色比控制线（C 线）浅，控制线（C 线）显色。

③ 无效：质控线（C 线）不显色，说明此卡无效，需要重新检测。

## 七、其他

本方法所述试剂、试剂盒信息及操作步骤是为给使用者提供方便，在使用本方法时不做限定。

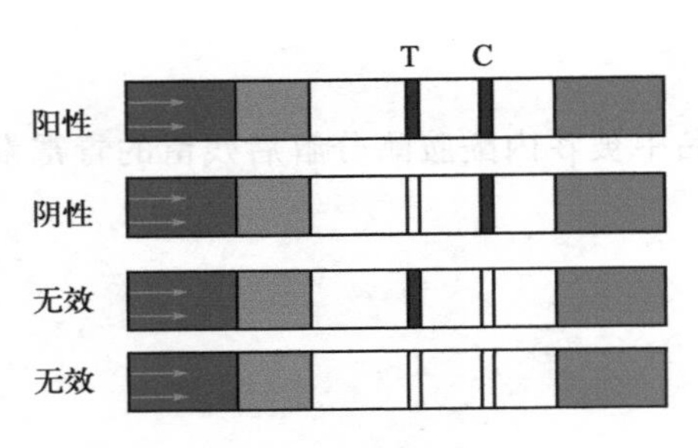


图 2-26　胶体金法检测结果示意图

## 八、注意事项

① 测试卡应按标签说明书储存，使用前恢复至室温。

② 保持干燥，打开包装后尽快使用。

③ 检测时避免交叉污染。

## 九、思考题

β-内酰胺酶测定方法有哪些？

# 第八节　食品中其他危害物检测技术

## 实验一　饮用水中氯化物的测定

## 一、实验目的

① 理解硝酸银滴定法测定氯化物的原理。

② 正确使用滴定管，熟悉硝酸银滴定法测定氯化物的步骤。

## 二、实验原理

用硝酸银滴定氯化物时，银离子与氯离子作用生成氯化银沉淀，当铬酸钾指示剂存在时，过量的银离子即与铬酸根反应，产生红色铬酸银沉淀，根据硝酸银溶液的消耗量可计算氯离子的含量。滴定的反应式如下：

$$Ag^{+} + Cl^{-} \longrightarrow AgCl\downarrow$$

$$2Ag^{+} + CrO_4^{2-} \longrightarrow Ag_2CrO_4\downarrow$$

## 三、试剂与器材

### 1. 试剂与材料

除非另有说明，分析时使用的试剂均为分析纯。

① 纯水，符合 GB/T 6682—2008 规定的二级水。

② 氯化钠（NaCl，优级纯）。

③ 硝酸银（$AgNO_3$）。

④ 铬酸钾（$K_2CrO_4$）。

### 2. 试剂配制

（1）氯化钠标准溶液［$c(NaCl)=0.05mol/L$］

将氯化钠置于瓷坩埚中，700℃灼烧 1h，置于干燥器中冷却后，称取 2.9221g 溶于纯水中，移入 1000mL 容量瓶内，用纯水定容。

（2）铬酸钾溶液（100g/L）

称取铬酸钾 10g，加水溶解，在不断搅拌下，慢慢滴入硝酸银标准溶液至产生砖红色沉淀。放置过夜，过滤，将滤液定容至 100mL。

（3）硝酸银标准溶液［$c(AgNO_3)=0.05\ mol/L$］

配制：称取硝酸银 8.5g，加水溶解，定容至 1000mL，贮于棕色瓶中。

标定浓度：取氯化钠标准溶液 10mL 于锥形瓶中，加纯水 40mL，加铬酸钾溶液 10 滴，在不断摇动下，用硝酸银溶液滴定至出现稳定的淡橘黄色为止。记录硝酸银溶液的用量 $V_2$。同时取 50mL 纯水按上述步骤做空白试验，记录硝酸银的用量 $V_0$。

按式（2-34）计算硝酸银标准溶液的准确浓度：

$$c(AgNO_3)=\frac{c_1\times V_1}{V_2-V_0} \tag{2-34}$$

式中 $c(AgNO_3)$——硝酸银标准溶液的浓度，mol/L；

$c_1$——氯化钠标准溶液的浓度，mol/L；

$V_1$——吸取氯化钠标准溶液的体积，mL；

$V_2$——滴定氯化钠溶液时消耗硝酸银溶液的体积，mL；

$V_0$——空白试验中消耗硝酸银溶液的体积，mL。

### 3. 实验仪器

① 棕色滴定管：25mL。

② 锥形瓶：100mL、250mL。

③ 吸量管：50mL、25mL。

④ 容量瓶：100mL、1000mL。

⑤ 马弗炉。

⑥ 瓷坩埚。

## 四、实验方法

吸取水样 50mL 于 250mL 锥形瓶中，加入 10 滴铬酸钾溶液，在不断振摇下，用硝酸银标准溶液滴定至出现橘红色即为终点。

吸取纯水 50mL 代替水样作为空白对照，按上述步骤进行滴定。

## 五、结果计算

按式（2-35）计算氯离子的质量浓度：

$$X=\frac{c\times(V_1-V_2)\times 35.45}{V}\times 1000 \tag{2-35}$$

式中 $X$——水中氯离子的质量浓度，mg/L；

$c$——硝酸银标准溶液的浓度，mol/L；

$V_1$——测定水样所消耗硝酸银溶液的体积，mL；

$V_2$——空白试验所消耗硝酸银溶液的体积，mL；

$V$——所取水样体积，mL；

35.45——与 1.0mL 硝酸银标准溶液［$c(AgNO_3)=1.000$mol/L］相当的以毫克表示的氯离子质量，mg/mmol；

1000——单位换算系数。

## 六、注意事项

硝酸银溶液配制好后应置于棕色瓶中，避光保存。

## 七、思考题

① 硝酸银滴定法测定饮用水中氯化物的原理是什么？

② 水样的采集和保存有哪些注意事项？

# 实验二　饮用水中六价铬的测定

## 一、实验目的

① 掌握二苯碳酰二肼分光光度法测定六价铬的原理和方法。

② 正确使用分光光度计，掌握标准曲线的制作方法。

## 二、测定意义

六价铬为吞入性或吸入性极毒物，具有致癌性。因此，六价铬是水质评价的一个重要指标。2019 年 7 月 23 日，六价铬化合物被列入《有毒有害水污染物名录（第一批）》。

## 三、实验原理

在酸性介质中，六价铬与二苯碳酰二肼（$C_{13}H_{14}N_4O$）反应生成紫红色化合物，于波长540nm处进行分光光度测定，其吸光度与水中的六价铬的质量浓度成正比。

## 四、试剂与器材

### 1. 试剂与材料

除非另有说明，本方法所用试剂均为分析纯，水应符合GB/T 6682—2008规定的二级水。

① 氢氧化钠（NaOH）。

② 浓硫酸。

③ 二苯碳酰二肼。

④ 酚酞。

⑤ 乙醇。

⑥ 重铬酸钾（$K_2Cr_2O_7$，优级纯）。

### 2. 试剂配制

① 硫酸溶液（10%）：在通风橱内，将浓硫酸与水以1∶9的体积比混合，将浓硫酸缓慢倒入水中，并用玻璃棒不断搅拌，以防止溶液因大量放热而沸腾。

② 二苯碳酰二肼溶液（0.4g/L）：称取二苯碳酰二肼0.1g，加入50mL乙醇使其溶解，再加200mL硫酸溶液（10%），混匀后贮于棕色瓶中，于4℃保存。此试液应为无色，变色后不能使用。

③ 氢氧化钠溶液（80g/L）：称量80g氢氧化钠，用水溶解，并定容至1000mL。

④ 六价铬标准贮备溶液［$\rho(Cr^{6+})=100.0mg/L$］：称取在110℃经2h烘干过的基准重铬酸钾（$K_2Cr_2O_7$）0.1414g，加适量的水溶解，移入500mL棕色容量瓶中，定容至刻度。

⑤ 六价铬标准工作溶液［$\rho(Cr^{6+})=1.0mg/L$］：吸取1mL六价铬标准贮备溶液于100mL棕色容量瓶中，用纯水定容至刻度。

⑥ 酚酞乙醇溶液（10g/L）：称量1g酚酞，用乙醇溶解并定容至100mL。

### 3. 实验仪器

① 可见分光光度计。

② 恒温干燥箱。

③ 比色管：50mL。

④ 电子天平：感量0.01g和0.0001g。

⑤ 容量瓶：100mL、500mL、1000mL。

⑥ 3cm比色皿。

⑦ 单通道移液器。

⑧ 移液管：1mL、2mL、10mL。

## 五、实验方法

### 1. 试样测定

取 50mL 水样于 50mL 比色管中，加酚酞乙醇溶液 1 滴，用氢氧化钠溶液中和至微红色，加入 2.5mL 二苯碳酰二肼溶液，混匀后放置 10min，转移至 3cm 比色皿中，在波长 540nm 处测定吸光度。

吸取纯水 50mL 代替水样作为空白对照，按上述步骤与样品同时进行测定。

### 2. 校准曲线的绘制

分别吸取六价铬标准溶液 0mL、0.25mL、0.5mL、1.0mL、2.0mL、4.0mL、8.0mL、12.0mL 和 16.0mL，加入一系列比色管中，用纯水稀释至 50mL，其标准溶液中所含六价铬的质量分别为 0μg、0.25μg、0.5μg、1.0μg、2.0μg、4.0μg、8.0μg、12.0μg、16.0μg。按照样品测定步骤进行测定。以六价铬的质量为横坐标，吸光度为纵坐标绘制校准曲线。

## 六、结果计算

按式（2-36）计算六价铬质量浓度：

$$X=\frac{m}{V} \tag{2-36}$$

式中　$X$——水样中六价铬质量浓度，mg/L；

$m$——从校准曲线上查得试样中六价铬的质量，μg；

$V$——所取水样体积，mL。

六价铬含量低于 0.1mg/L，结果以三位小数表示；高于 0.1mg/L，结果保留三位有效数字。

## 七、注意事项

① 六价铬在酸性条件下有较强氧化性，易与还原性物质反应，因此此反应要在弱碱性条件下进行。

② 配制硫酸溶液时，应在通风橱里进行，正确操作流程为“酸入水”。将浓硫酸缓慢倒入水中，并用玻璃棒不断搅拌，以防止溶液因大量放热而沸腾。

③ 二苯碳酰二肼溶液需避光保存，变为粉色后失效，需重新配制。

## 八、思考题

① 食品中六价铬的测定方法有哪些？

② 二苯碳酰二肼分光光度法测定六价铬的原理是什么？

③ 水样的采集和保存有哪些注意事项？

# 实验三　分光光度法测定饮用水中氰化物

## 一、实验目的

① 掌握分光光度法测定氰化物的原理和方法。

② 正确使用分光光度计。

## 二、测定意义

氰化物指带有氰根离子（$CN^-$）的化合物，常见的有氰化钾和氰化钠，它们均有剧毒。氰化物作为原料和辅料广泛应用于工业生产中，也有少量来源于天然产物，例如桃仁、李仁、杏仁、枇杷仁、木薯等含氢氰酸，其中以苦杏仁含量最高。氰化物是水质卫生的必检项目，我国现行标准 GB 5749—2022《生活饮用水卫生标准》中规定氰化物不得超过 0.05mg/L。

## 三、实验原理

包装饮用水和矿泉水中的氰化物在酸性条件下蒸馏出的氢氰酸用氢氧化钠溶液吸收，在 pH＝7.0 的条件下，馏出液用氯胺 T 将氰化物转变为氯化氰，再与异烟酸-吡唑啉酮作用，生成蓝色染料，采用分光光度计在波长 638nm 处测吸光度。根据标准曲线计算出试样中氰化物含量。

## 四、试剂与器材

### 1. 试剂与材料

除非另有说明，本方法所用试剂均为分析纯，水为 GB/T 6682—2008 规定的三级水。

① 甲基橙（$C_{14}H_{14}O_3N_3SNa$）：指示剂。

② 氢氧化钠（NaOH）。

③ 吡唑啉酮（$C_{10}H_{10}N_2O$）。

④ 磷酸二氢钾（$KH_2PO_4$）。

⑤ 磷酸氢二钠（$Na_2HPO_4$）。

⑥ 乙酸（$C_2H_4O_2$）。

⑦ 异烟酸（$C_6H_5O_2N$）。

⑧ 酒石酸（$C_4H_6O_6$）。

⑨ 氯胺 T（$C_7H_7SO_2NClNa \cdot 3H_2O$）。

⑩ 乙酸锌（$C_4H_6O_4Zn$）。

⑪ 无水乙醇（$C_2H_6O$）。

⑫ 水中氰成分分析标准物质（50μg/mL），或经国家认证并授予标准物质证书的标准物质。

**2. 试剂配制**

① 甲基橙指示剂（0.5g/L）：称取50mg甲基橙，用水溶解，并定容至100mL。

② 氢氧化钠溶液（20g/L）：称取2g氢氧化钠，用水溶解，并定容至100mL。

③ 氢氧化钠溶液（2g/L）：量取10mL氢氧化钠溶液（20g/L），用水稀释至100mL。

④ 氢氧化钠溶液（1g/L）：量取5mL氢氧化钠溶液（20g/L），用水稀释至100mL。

⑤ 乙酸锌溶液（100g/L）：称取10g乙酸锌，溶于水中，并稀释至100mL。

⑥ 磷酸盐缓冲溶液（0.5mol/L，pH7.0）：称取34.0g无水磷酸二氢钾和35.5g无水磷酸氢二钠，用适量的水溶解，转移至1000mL容量瓶中，定容至刻度。

⑦ 异烟酸-吡唑啉酮溶液：称取1.5g异烟酸，用24mL氢氧化钠溶液（20g/L）溶解，用水定容至100mL。另称取0.25g吡唑啉酮，溶于20mL无水乙醇中，合并上述两种溶液，混匀。临用时配制。

⑧ 氯胺T溶液（10g/L）：称取1g氯胺T，溶于水中，并定容至100mL。临用时配制。

⑨ 氰离子标准中间液（1μg/mL）：取2mL氰成分分析标准物质（50μg/mL），用氢氧化钠溶液（2g/L）定容至100mL。

**3. 仪器与设备**

① 可见分光光度计。

② 分析天平：感量为0.001g。

③ 水蒸气蒸馏装置。

④ 恒温水浴锅。

⑤ 电加热板。

⑥ 具塞比色管：10mL、25mL、50mL。

⑦ 容量瓶：100mL、1000mL。

⑧ 3cm比色皿。

## 五、实验方法

**1. 样品蒸馏**

量取250mL水样置于水蒸气蒸馏装置中，加入1～2滴甲基橙指示剂，5mL乙酸锌溶液，再加入1～2g酒石酸，溶液由橙黄色变成了橙红，迅速连接好蒸馏装置，将冷凝管下端插入盛有10mL氢氧化钠溶液（20g/L）的具塞比色管中，至其中的液面下。蒸馏速度控制在2～3mL/min，准确收集50mL蒸馏液，取10mL馏出液置于25mL具塞比色管中。

**2. 氰离子标准对照液的制备**

另取25mL具塞比色管，分别加入氰离子标准中间液0mL、0.1mL、0.2mL、0.4mL、0.6mL、0.8mL、1.2mL、1.6mL和2.0mL，加氢氧化钠溶液（1g/L）至10mL。

**3. 测定**

于试样和标准管中各加5mL磷酸盐缓冲液，置于37℃恒温水浴锅中，再加入

0.25mL 氯胺 T 溶液，混匀后放置 5min，然后加入 5mL 异烟酸-吡唑啉酮溶液，加水至 25mL，混匀，置于恒温水浴锅中 37℃反应 40min，用 3cm 比色皿，以纯水作参比，在波长 638nm 处测吸光度。以标准溶液的吸光度为纵坐标，氰离子的质量为横坐标，绘制校准曲线，从曲线上查出试样管中氰化物的质量。

## 六、结果计算

按式（2-37）计算试样中氰化物（以 $CN^-$ 计）含量：

$$\rho=\frac{m\times V_1}{V\times V_2} \tag{2-37}$$

式中　$\rho$——水样中氰化物含量（以 $CN^-$ 计），mg/L；

$m$——从校准曲线上查得样品管中氰化物的质量，μg；

$V_1$——馏出液总体积，mL；

$V$——水样体积，mL；

$V_2$——比色所用馏出液体积，mL。

计算结果保留两位有效数字。

## 七、其他

① 重复性条件下获得的两次独立测定结果的绝对差值不超过算术平均值的 10%。

② 本方法的检出限为 0.002mg/L，定量限为 0.006mg/L。

## 八、注意事项

① 氰化氢易挥发且不稳定，测定氰化物的水样必须在现场采集时使用硬质玻璃瓶，并加碱固定（pH>12）。参见 DZ/T 0064.2—2021。

② 样品进入实验室后应在 4℃保存，24h 内完成检测。

③ 氯胺 T 的有效氯含量对本方法影响很大，氯胺 T 的有效氯含量应在 22%以上，必要时需用碘量法测定有效氯含量后再用。

## 九、思考题

① 食品中氰化物的测定方法有哪些？

② 分光光度法测定氰化物的原理是什么？

③ 试样蒸馏时为什么加入乙酸锌，起到什么作用？

# 实验四　紫外分光光度法测定果蔬中硝酸盐

## 一、实验目的

① 理解紫外分光光度法测定硝酸盐的原理。

② 正确使用紫外分光光度计，掌握标准曲线的制作方法。

③ 熟悉果蔬中硝酸盐的测定步骤。

## 二、实验原理

样品中硝酸根离子用氨缓冲溶液（pH9.6～9.7）提取，用活性炭去除色素，用沉淀剂除去蛋白质及其他干扰物质，利用硝酸根离子和亚硝酸根离子在紫外区 219nm 处具有等吸收波长的特性，测定待测溶液吸光度，其测得结果为硝酸盐和亚硝酸盐吸光度的总和。由于新鲜蔬菜、水果中亚硝酸盐含量甚微，可忽略不计，测定结果可当作硝酸盐的吸光度，最后从工作曲线上查得硝酸盐的质量浓度，计算样品中硝酸盐的含量。

## 三、试剂与器材

### 1. 试剂与材料

除非另有说明，本方法所用试剂均为分析纯。水应符合 GB/T 6682—2008 规定的一级水。

① 盐酸（HCl，$\rho$=1.19g/mL）。

② 氨水（$NH_3 \cdot H_2O$，25%）。

③ 亚铁氰化钾［$K_4Fe(CN)_6 \cdot 3H_2O$］。

④ 硫酸锌（$ZnSO_4 \cdot 7H_2O$）。

⑤ 正辛醇（$C_8H_{18}O$）。

⑥ 活性炭（粉状）。

⑦ 硝酸钾（$KNO_3$，CAS 号：7757-79-1）：基准试剂，或采用具有标准物质证书的硝酸盐标准溶液。

### 2. 试剂配制

① 氨缓冲溶液（pH=9.6～9.7）：准确量取盐酸 20mL，缓慢加入 500mL 水中，混匀，然后加入 50mL 氨水，用水定容至 1000mL，调 pH 至 9.6～9.7。

② 亚铁氰化钾溶液（150g/L）：准确称取 150g 亚铁氰化钾，用适量的水溶解，转移至 1000mL 的容量瓶中，定容至刻度。

③ 硫酸锌溶液（300g/L）：称取 300g 硫酸锌（$ZnSO_4 \cdot 7H_2O$），用水溶解，并定容至 1000mL。

④ 硝酸盐标准储备液（500mg/L，以硝酸根计）：称取 0.2039g 于 110～120℃干燥至恒重的硝酸钾，用水溶解，并定容至 250mL。4℃保存。

⑤ 硝酸盐标准曲线工作液：分别吸取 0mL、0.2mL、0.4mL、0.6mL、0.8mL、1.0mL、1.2mL 硝酸盐标准储备液于 50mL 容量瓶中，加水定容至刻度，混匀。此标准系列溶液硝酸根质量浓度分别为 0mg/L、2mg/L、4mg/L、6mg/L、8mg/L、10mg/L、12mg/L。

### 3. 仪器设备

① 紫外分光光度计。

② 分析天平：感量 0.01g 和 0.0001g。

③ 组织捣碎机。

④ pH 计：精度为 0.01。

⑤ 可调式往返振荡机。

⑥ 1cm 石英比色皿。

⑦ 定量滤纸。

⑧ 锥形瓶：250mL。

⑨ 容量瓶：50mL、250mL、100mL。

## 四、实验方法

### 1. 样品制备

果蔬样品用水清洗干净，晾干表面水分，用四分法取样，切碎，充分混匀。于组织捣碎机中匀浆，在匀浆中加 1 滴正辛醇消除泡沫。

### 2. 样品提取

称取 10g（精确至 0.01g）匀浆试样于 250mL 锥形瓶中，加入 100mL 水、5mL 氨缓冲溶液（pH＝9.6～9.7）和 2g 粉末状活性炭，以 200 次/min 速度振荡 30min。转移至 250mL 容量瓶中，加入 2mL 亚铁氰化钾溶液和 2mL 硫酸锌溶液，混匀，加水定容至刻度，摇匀，放置 5min，上清液用定量滤纸过滤，滤液备用。

同时做空白实验，除不加试样外，按照前处理步骤的要求进行操作。

### 3. 测定

吸取上述滤液 5mL 于 50mL 容量瓶中，加水定容至刻度，混匀。用 1cm 石英比色皿，在 219nm 处测定吸光度。从标准曲线上查得试样溶液中硝酸盐的质量浓度。

### 4. 标准曲线的绘制

将硝酸盐标准曲线工作液用 1cm 石英比色皿，于 219nm 处测定吸光度。以标准溶液质量浓度为横坐标，吸光度为纵坐标绘制工作曲线。

## 五、结果计算

样品中硝酸盐（以硝酸根计）的含量按式（2-38）计算：

$$X=\frac{c\times V_1\times V_2}{m\times V_3} \tag{2-38}$$

式中 $X$——样品中硝酸盐的含量，mg/kg；

$c$——从标准曲线上查得试样溶液中硝酸盐的质量浓度，mg/L；

$V_1$——提取液定容体积，mL；

$V_2$——待测液定容体积，mL；

$m$——试样的质量，g；

$V_3$——吸取的滤液体积，mL。

计算结果保留两位有效数字。

## 六、精密度

在重复性条件下获得的两次独立测定结果的绝对差值不得超过算术平均值的10%。

## 七、其他

硝酸盐检出限为1.2mg/kg。

## 八、注意事项

① 比色皿使用时应手持比色皿两侧的毛玻璃面。

② 盛装溶液时，高度为比色皿的2/3即可，测量结束后，比色皿应用蒸馏水清洗干净后倒置晾干。若比色皿内有物质挂壁，可用无水乙醇浸泡清洗。

③ 向比色皿中加样时，若样品流到比色皿外壁，应先用滤纸轻轻吸附，然后用镜头纸擦净，避免比色皿出现划痕。

## 九、思考题

① 食品中硝酸盐测定方法有哪些？

② 紫外分光光度法测定硝酸盐的原理是什么？

# 实验五　白酒中甲醇的快速检测

## 一、实验目的

① 理解滴定法测定白酒中甲醇的原理。

② 正确使用移液管，熟悉甲醇测定步骤。

## 二、实验原理

样品中的甲醇在磷酸溶液中，被高锰酸钾氧化为甲醛，用偏重亚硫酸钠除去过量的高锰酸钾。甲醛在硫酸存在的条件下与变色酸显色剂反应生成蓝紫色化合物。通过与甲醇对照液比较，对样品中甲醇含量进行判定。

## 三、试剂与器材

### 1. 试剂与材料

所用试剂除另有规定外均为分析纯，水为GB /T 6682—2008规定的三级水。

① 高锰酸钾（$KMnO_4$）。

② 磷酸（$H_3PO_4$）。

③ 偏重亚硫酸钠（$Na_2S_2O_5$）。

④ 硫酸（$H_2SO_4$）。

⑤ 变色酸钠（$C_{10}H_6Na_2O_8S_2 \cdot 2H_2O$）。

⑥ 乙醇（$C_2H_6O$）。

⑦ 甲醇快速检测试剂盒：适用于白酒酒精度为18%～68%。

⑧ 标准物质：甲醇（$CH_4O$，CAS：67-56-1），纯度≥99%；或经国家认证并授予标准物质证书的标准物质。

**2. 试剂配制**

① 5%（体积分数）乙醇：取5mL乙醇于100mL容量瓶，加水稀释至刻度。

② 高锰酸钾-磷酸溶液（30g/L）：称取3.0g高锰酸钾，溶于100mL磷酸-水（体积比15∶85）溶液。

③ 偏重亚硫酸钠溶液（100g/L）：称取10.0g偏重亚硫酸钠，溶于100mL水。

④ 变色酸显色剂：称取0.1g变色酸钠（$C_{10}H_6Na_2O_8S_2 \cdot 2H_2O$），溶于25mL水中，缓慢加入75mL硫酸，并用玻璃棒不断搅拌，冷却至室温。

⑤ 甲醇标准溶液（1g/L）：称取0.1g（精确至0.001g）甲醇标准物质，加入约80mL 5%乙醇溶解，转移至100mL容量瓶中，定容至刻度，混匀。

**3. 仪器设备**

① 电子天平：感量0.001g。

② 涡旋振荡器。

③ 水浴锅。

④ 酒精计：分度值为1%。

⑤ 移液器：1mL、5mL。

⑥ 量筒：50mL、100mL。

⑦ 比色管：10mL。

## 四、实验方法

**1. 待测液制备与显色**

（1）酒精度的测定

取洁净、干燥的100mL量筒，注入100mL样品，静置数分钟，待其中气泡消失后，放入酒精计，轻轻按一下，不应接触量筒，平衡约5min，水平观测，读取与弯月面相切处的刻度示值。

（2）样品稀释

根据酒精计示值吸取对应体积的样品，置于10mL比色管中，补水至10mL（参见表2-23），混匀。

表 2-23 不同酒精度样品吸取体积表

| 酒精计示值/%（体积分数） | 样品吸取体积/mL | 补水体积/mL |
|---|---|---|
| 18～22 | 2.5 | 7.5 |
| 23～27 | 2.0 | 8.0 |
| 28～32 | 1.7 | 8.3 |
| 33～36 | 1.5 | 8.5 |
| 37～41 | 1.3 | 8.7 |
| 42～45 | 1.2 | 8.8 |
| 46～53 | 1.0 | 9.0 |
| 54～60 | 0.9 | 9.1 |
| 61～68 | 0.8 | 9.2 |

（3）显色

吸取稀释后的样品溶液 1.0mL，置于 10mL 比色管中，加入高锰酸钾-磷酸溶液 0.5mL，混匀，盖塞，静置 15min。加入 0.3mL 偏重亚硫酸钠溶液，混匀，使试液完全褪色。沿比色管壁缓慢加入 5mL 变色酸显色剂，盖塞，混匀，置于 70℃水浴锅中，显色 20min 后取出，迅速冷却至室温，即得待测液。空白试验是用 1mL 5%乙醇代替样品溶液，其余步骤相同。

**2. 甲醇对照液的制备与显色**

根据待测样品的分类（粮谷类或其他类），分别吸取 0.3mL 和 1.0mL 的甲醇标准溶液，置于 10mL 比色管中，补 5%乙醇至 10mL，混匀。吸取上述溶液 1.0mL，置于 10mL 比色管中，同上述步骤“加入高锰酸钾-磷酸溶液 0.5mL”起操作，制备甲醇对照液并显色。

**3. 判读**

将待测液与甲醇对照液进行目视比色，10min 内判读结果。进行平行试验，且两次判读结果应一致。

## 五、结果判定

观察待测液颜色，与甲醇对照液比较判读样品中甲醇的含量。颜色深于对照液者为阳性，浅于对照液者为阴性。为尽量避免出现假阴性结果，判读时遵循就高不就低的原则。

## 六、性能指标

① 检测限：0.4g/L（以 100%酒精度计）。

② 判定限：粮谷类为 0.6g/L（以 100%酒精度计），其他类为 2.0g/L（以 100%酒精度计）。

## 七、其他

本方法所述试剂及操作步骤等是为给使用者提供方便，在使用本方法时不作限定。方法使用者在使用替代试剂或操作步骤前，须对其进行考察，应满足本方法规定的各项性能指标。

## 八、注意事项

① 本方法中采用的高锰酸钾-磷酸溶液、变色酸显色剂久置会变色失效，建议方法使用者临用新配。

② 采用本方法，酒精度为非整数的样品，为避免出现假阴性结果，建议参照表 2-23 吸取酒精度整数部分对应体积。

③ 当目视不能判定颜色深浅时，可采用分光光度计测定待测液与甲醇对照液 570nm 处的吸光度进行比较判定。

## 九、思考题

白酒中甲醇的测定方法有哪些？

# 实验六　植物油中过氧化值的测定

## 一、实验目的

① 理解滴定法测定植物油中过氧化值的原理。

② 正确使用滴定管。

③ 掌握滴定法测定过氧化值的方法和步骤。

## 二、测定意义

过氧化值是表示油脂和脂肪酸等被氧化程度的一种指标。因此，过氧化值在一定程度上可反映食品的品质。

## 三、实验原理

油脂试样溶解在三氯甲烷和冰醋酸中，溶解液中加入碘化钾溶液，试样中的过氧化物与碘化钾反应生成碘，然后用硫代硫酸钠标准溶液滴定析出的碘发生氧化还原反应。加入淀粉指示剂，碘与淀粉反应使溶液呈蓝色，继续滴定至蓝色消失。根据消耗的硫代硫酸钠标准溶液的体积计算试样中的过氧化值。

## 四、试剂与器材

### 1. 试剂与材料

除非另有说明，本方法所用试剂均为分析纯，水为GB/T 6682—2008规定的三级水。

① 冰醋酸（$CH_3COOH$）。

② 三氯甲烷（$CHCl_3$）。

③ 碘化钾（KI）。

④ 硫代硫酸钠（$Na_2S_2O_3 \cdot 5H_2O$）。

⑤ 无水碳酸钠（$Na_2CO_3$）。

⑥ 可溶性淀粉。

### 2. 试剂配制

① 三氯甲烷-冰醋酸混合液（体积比2∶3）：量取40mL三氯甲烷和60mL冰醋酸，混匀。

② 1%淀粉指示剂：称取0.5g可溶性淀粉，加少量水调成糊状。边搅拌边倒入50mL沸水，再煮沸搅匀后，放冷备用。临用前配制。

③ 饱和碘化钾溶液：称取20g碘化钾，加入10mL新煮沸冷却的水，摇匀，贮于棕色瓶中，避光保存备用，要确保溶液中有饱和碘化钾结晶存在。

④ 0.1mol/L硫代硫酸钠标准溶液：称取26g $Na_2S_2O_3 \cdot 5H_2O$和0.2g无水碳酸钠，溶于1000mL水中，缓缓煮沸10min，冷却。放置两周后过滤、标定。

⑤ 0.01mol/L硫代硫酸钠标准溶液：取100mL 0.1mol/L硫代硫酸钠标准溶液至1000mL容量瓶中，用新煮沸冷却的水定容至刻度。临用前配制。

⑥ 0.002mol/L硫代硫酸钠标准溶液：取10mL 0.1mol/L硫代硫酸钠标准溶液至500mL容量瓶中，用新煮沸冷却的水定容至刻度。临用前配制。

### 3. 实验仪器

① 天平：感量为0.001g。

② 加热板。

③ 滴定管：10mL，最小刻度为0.05mL；25mL或50mL，最小刻度为0.1mL。

④ 碘量瓶：250mL。

⑤ 容量瓶：500mL、100mL。

⑥ 铁架台。

注：本方法中使用的所有器皿不得含有还原性或氧化性物质。磨砂玻璃表面不得涂油。

## 五、实验方法

### 1. 试样制备

植物油样品充分混合均匀后直接取样。

**2. 试样测定**

（1）测试条件

应避免在阳光直射下进行试样测定。

（2）测定步骤

称取制备的试样 2～3g（精确至 0.001g）于 250mL 碘量瓶中，加入 30mL 三氯甲烷-冰醋酸混合溶液，轻轻振摇，溶解试样。然后加入 1.0mL 饱和碘化钾溶液，盖塞，轻轻振摇 0.5min，置于暗处 3min。加 100mL 水，摇匀后立即用硫代硫酸钠标准溶液滴定析出的碘，滴定至溶液变成淡黄色时，加 1mL 淀粉指示剂，继续滴定至溶液蓝色消失为终点。同时进行空白试验。空白试验所消耗 0.01mol/L 硫代硫酸钠溶液体积 $V_0$ 不得超过 0.1mL。

注：应避免在阳光直射下进行试样测定。

## 六、结果计算与表述

用过氧化物相当的碘的质量分数表示过氧化值时，按式（2-39）计算：

$$X=\frac{c\times(V-V_0)\times 0.1269}{m}\times 100 \tag{2-39}$$

式中 $X$——过氧化值，g/100g；

$c$——硫代硫酸钠标准溶液的浓度，mol/L；

$V$——试样消耗的硫代硫酸钠标准溶液体积，mL；

$V_0$——空白试验消耗的硫代硫酸钠标准溶液体积，mL；

0.1269——与 1.0mL 硫代硫酸钠标准滴定溶液 [$c(Na_2S_2O_3)=1.0mol/L$] 相当的碘的质量，g/mmol；

$m$——试样质量，g；

100——换算系数。

计算结果以重复性条件下获得的两次独立测定结果的算术平均值表示，结果保留两位有效数字。

## 七、精密度

在重复性条件下获得的两次独立测定结果的绝对差值不得超过算术平均值的 10%。

## 八、注意事项

① 样品制备过程应避免强光，并尽可能避免带入空气。

② 析出 $I_2$ 后，应立即用硫代硫酸钠滴定，滴定速度适当加快。

③ 碘与硫代硫酸钠的反应必须在中性或弱酸性溶液中进行，在碱性溶液中将发生副反应，在强酸性溶液中，硫代硫酸钠会发生分解，且碘离子在强酸性溶液中易被氧化。

## 九、思考题

① 滴定法测定食品中过氧化值的原理是什么？

② 实验用器皿为什么不得含有还原性或氧化性物质？

# 实验七　酸度计法测定酱油中氨基酸态氮

## 一、实验目的

① 理解酸度计法测定氨基酸态氮的原理。

② 正确使用酸度计。

③ 熟悉酸度计法测定氨基酸态氮的操作步骤。

## 二、测定意义

氨基酸态氮也称氨基氮，是酿造酱油调味品鲜味的主要来源，它是由制造酱油调味品的原料（大豆等）中的蛋白质水解产生的，其含量高低可直接影响酱油调味品的味感和质量，是衡量酱油调味品质量的重要理化指标之一。

## 三、实验原理

氨基酸具有酸性的—COOH和碱性的—$NH_2$，利用氨基酸的两性作用，加入甲醛溶液后，—$NH_2$与甲醛结合从而固定碱性的氨基，使羧基显示出酸性，用氢氧化钠标准溶液滴定后定量，以酸度计测定终点。

## 四、试剂与器材

### 1. 试剂与材料

除非另有说明，本方法所用试剂均为分析纯，水为GB/T 6682—2008规定的三级水。

① 甲醛溶液（36%～38%）：应不含有聚合物（没有沉淀且溶液不分层）。

② 氢氧化钠（NaOH）。

③ 乙醇（$CH_3CH_2OH$）。

④ 邻苯二甲酸氢钾（$C_8H_5O_4K$）：基准物质。

⑤ 氢氧化钠标准滴定溶液［$c$(NaOH)＝0.050mol/L］：经国家认证并授予标准物质证书的标准滴定溶液。

### 2. 仪器设备

① 酸度计：附磁力搅拌器。

② 分析天平：感量0.1mg、0.01g。

③ 10mL碱式滴定管。

④ 烧杯：50mL、200mL。

⑤ 容量瓶：100mL。

## 五、实验方法

吸取5.0mL试样于50mL的烧杯中，用水分数次洗入100mL容量瓶中，加水至刻度，混匀后吸取20mL置于200mL烧杯中，加水60mL，打开磁力搅拌器，用氢氧化钠标准溶液[$c(NaOH)=0.050mol/L$]滴定至酸度计指示pH为8.2，记下消耗氢氧化钠标准滴定溶液的体积（mL），可计算总酸含量。加入10mL甲醛溶液，混匀。再用氢氧化钠标准滴定溶液继续滴定至pH为9.2，记下消耗氢氧化钠标准滴定溶液的体积（mL）。同时取80mL水，先用氢氧化钠标准溶液[$c(NaOH)=0.050mol/L$]调节至pH为8.2，再加入10mL甲醛溶液，用氢氧化钠标准滴定溶液滴定至pH为9.2。

同时做空白试验，不称取样品，其余步骤与样品同法操作。

## 六、结果计算

试样中氨基酸态氮的含量按式（2-40）计算：

$$X=\frac{(V_1-V_2)\times c\times 0.014}{V\times V_3/V_4}\times 100 \tag{2-40}$$

式中　$X$——试样中氨基酸态氮的含量，g/100mL；

$V_1$——测定用试样稀释液加入甲醛后消耗氢氧化钠标准滴定溶液的体积，mL；

$V_2$——试剂空白实验加入甲醛后消耗氢氧化钠标准滴定溶液的体积，mL；

$c$——氢氧化钠标准滴定溶液的浓度，mol/L；

0.014——与1.00mL氢氧化钠标准滴定溶液[$c(NaOH)=1.000mol/L$]相当的氮的质量，g/mmol；

$V$——吸取试样的体积，mL；

$V_3$——试样稀释液的取用量，mL；

$V_4$——试样稀释液的定容体积，mL；

100——单位换算系数。

计算结果保留两位有效数字。

## 七、精密度

在重复性条件下获得的两次独立测试结果的绝对差值不得超过算术平均值的10%。

## 八、思考题

① 食品中氨基酸态氮的测定方法有哪些，每个方法的适用范围是什么？

② 酸度计法测定氨基酸态氮的原理是什么？

# 实验八　双抗夹心酶联免疫法测定过敏原荞麦蛋白成分

## 一、实验目的

① 理解双抗夹心酶联免疫吸附法测定荞麦蛋白的原理。

② 正确使用酶标仪。

③ 熟悉标准曲线的制作，以及双抗夹心酶联免疫吸附法操作步骤。

## 二、实验原理

本方法检测原理是抗原-抗体特异性结合反应，采用双抗夹心酶联免疫分析技术。微孔中包被有特异性抗荞麦蛋白的抗体，加入待测试样，当试样中含有荞麦蛋白时，荞麦蛋白与微孔板中包被的抗体特异性结合，洗涤除去没有结合的靶标蛋白后，再加入酶标抗体，形成抗体-抗原-抗体夹心复合物。洗去没有结合的酶标抗体，加入底物 TMB（3,3′,5,5′-四甲基联苯胺）进行显色，颜色的深浅和样品中待测物质的浓度呈比例关系。然后采用酶标仪在 450nm 处测定吸光值，根据标准曲线计算出试样中过敏原荞麦蛋白的含量。

## 三、试剂与器材

### 1. 试剂与材料

① 水：符合 GB/T 6682—2008 规定的一级水。

② 荞麦蛋白酶联免疫检测试剂盒：包括包被有荞麦蛋白抗体的 96 孔板（12 条×8 孔）、荞麦蛋白标准溶液、酶标记抗体、底物显色剂、终止反应液、洗涤溶液、提取液、稀释液等。

### 2. 实验仪器

① 酶标仪。

② 电子天平。感量 0.01g。

③ 离心机：最大离心力≥3000$g$。

④ 可调式往返振荡器。

⑤ 96 孔板混匀仪。

⑥ 八通道移液器。

⑦ 单通道移液器。

⑧ 研钵。

⑨ pH 计。

⑩ 涡旋振荡器。

3. 溶液配制

① 提取液：将提取液按试剂盒说明书进行配制，混匀后备用。

② 荞麦蛋白标准工作溶液：根据试剂盒说明书将荞麦蛋白标准溶液稀释成不同浓度的标准工作溶液，每次测定均应现配现用。

③ 酶标记抗体：根据说明书将酶标记抗体用稀释液稀释至所需浓度，混匀后备用。

④ 洗板工作溶液：将洗板溶液按说明书用水稀释，混匀后备用。

注：试验后将所有试剂放回4℃保存。

## 四、实验方法

### 1. 试样的制备

面包样品经充分研磨后，称取1g于50mL离心管中，加入19mL提取溶液，充分振荡混匀。调节其pH值在中性范围内（6.0～8.0），将离心管置于振荡器中，室温下100次/min振荡过夜（至少12h）。提取溶液于3000$g$离心20min，取上清液（如果有油层，将其去掉，每个样品尽量取相同体积的上清液），用稀释液稀释20倍后进行测定。本方法的稀释倍数为400倍。

注：也可根据试剂盒说明书对样品进行处理。

### 2. 测定

（1）测定条件

所有操作在室温下进行，试剂盒所有试剂回升至室温（20～24℃）后方可使用。

酶标仪测定波长为450nm。

（2）测定步骤

按照荞麦蛋白酶联免疫检测试剂盒说明书对试样进行检测。

（3）平行试验

按以上步骤，对同一标准、同一样品溶液均应进行平行试验测定。

（4）空白试验

除不称取试样外，均按上述步骤进行。

## 五、结果计算

以标准品荞麦蛋白浓度（ng/mL）为横坐标，以平均吸光值为纵坐标，绘制标准曲线。从标准工作曲线上得到试样溶液中荞麦蛋白浓度后，按式（2-41）进行计算：

$$X=\frac{c\times V\times f}{m}\times\frac{1000}{1000} \tag{2-41}$$

式中 $X$——试样中荞麦蛋白含量，μg/kg；

$c$——从标准工作曲线上得到的试样液中荞麦蛋白浓度，ng/mL；

$V$——试样溶液体积，mL；

$f$——稀释倍数；

$m$——称取的试样质量，g；

1000——单位换算系数。

测定结果用平行测定后的算术平均值表示，保留三位有效数字。

注：本方法中荞麦蛋白提取液密度变化忽略不计，可认为 1mL 提取液质量为 1mg。

## 六、其他

本方法所述试剂盒信息及操作步骤是为给使用者提供方便，在使用本方法时不做限定。如有其他产品具有相同效果，也可使用等效产品。

## 七、注意事项

① 试剂应按标签说明书储存，使用前恢复至室温。

② 实验中不用的板条和试剂应立即放回包装袋中，密封 4℃保存，以免变质。

③ 测定中吸取不同的试剂和样品溶液时应更换吸头，以免交叉污染。

④ 加样时要避免加在孔壁上部，不可溅出，加入试剂的顺序应一致，以保证所有反应板孔温育的时间一样。

⑤ 洗涤酶标板时应充分拍干，不要将吸水纸直接放入酶标反应孔中吸水。

⑥ 读取数据应在加入终止溶液后 30min 内进行，否则影响检测结果。

## 八、思考题

双抗夹心酶联免疫法检测荞麦蛋白的原理是什么？

# 第三章

# 综合实验

## 实验一　生乳品质检验

### 一、实验目的

① 熟悉国家标准的查询方法并了解生乳的国家标准。

② 掌握生乳的主要品质评价指标及检测方法，进一步巩固已学过的分析方法和检测技术。

### 二、相关标准及检测项目

#### 1. 相关标准

GB 19301—2010《食品安全国家标准 生乳》。

#### 2. 检测项目

① 感官要求。

② 理化指标。

③ 污染物限量。

④ 真菌毒素限量。

⑤ 微生物限量。

⑥ 农药残留和兽药残留限量。

### 三、检测方法

#### 1. 感官要求

感官要求见表 3-1。

表 3-1 生乳的感官要求

| 项目 | 要求 | 检验方法 |
| --- | --- | --- |
| 色泽 | 呈乳白色或微黄色 | 取适量试样置于 50mL 烧杯中，在自然光下观察色泽和组织状态。闻其气味，用温开水漱口，品尝滋味 |
| 滋味、气味 | 具有乳固有的香味，无异味 | |
| 组织状态 | 呈均匀一致液体，无凝块、无沉淀、无正常视力可见异物 | |

## 2. 理化指标

理化指标见表 3-2。

表 3-2 生乳的理化指标

| 项目 | | 指标 | 检验方法 |
| --- | --- | --- | --- |
| 冰点①②/℃ | | −0.500～−0.560 | GB 5413.38 |
| 相对密度/(20℃/4℃) | | ≥1.027 | GB 5413.33③ |
| 蛋白质/(g/100g) | | ≥2.8 | GB 5009.5 |
| 脂肪/(g/100g) | | ≥3.1 | GB 5413.3④ |
| 杂质度/(mg/kg) | | ≤4.0 | GB 5413.30 |
| 非脂乳固体/(g/100g) | | ≥8.1 | GB 5413.39 |
| 酸度/°T | 牛乳② | 12～18 | GB 5413.34⑤ |
| | 羊乳 | 6～13 | |

①挤出 3h 后检测。

②仅适用于荷斯坦奶牛。

③该标准已被 GB 5009.2 代替。

④该标准已被 GB 5009.6 代替。

⑤该标准已被 GB 5009.239 代替。

## 3. 污染物限量

应符合 GB 2762—2022《食品安全国家标准 食品中污染物限量》中相关指标要求的规定。

## 4. 真菌毒素限量

应符合 GB 2761—2017《食品安全国家标准 食品中真菌毒素限量》中相关指标要求的规定。

## 5. 微生物限量

应符合表 3-3 中的规定。

表 3-3 生乳中的微生物限量要求

| 项目 | 限量/[CFU/g (mL)] | 检验方法 |
| --- | --- | --- |
| 菌落总数 | $\leqslant 2\times10^6$ | GB 4789.2 |

**6. 农药残留限量和兽药残留限量**

① 农药残留限量应符合 GB 2763—2021《食品安全国家标准 食品中农药最大残留限量》及国家有关规定和公告。

② 兽药残留限量应符合国家有关规定和公告。

## 四、实验要求

① 查阅收集并整理相关资料，根据相关标准要求测定生乳的感官指标，从理化指标、污染物限量、真菌毒素、微生物及农药兽药残留量限量标准中选择 3～5 个指标设计实验，制订实验方案。

② 学生分组准备实验材料、仪器及试剂耗材等，根据实验方案开展预试验，确定最终测定指标及方法。

③ 根据实验方案开展综合设计性实验，记录分析实验数据，形成实验报告。

## 五、思考题

试分析影响生乳品质的因素有哪些。

# 实验二　榨菜品质检测

## 一、实验目的

① 熟悉国家及行业标准的查询方法并了解榨菜的相关标准要求。

② 掌握榨菜的主要品质评价指标及检测方法，进一步巩固已学过的分析方法和检测技术。

## 二、相关标准及检测项目

**1. 相关标准**

GB/T 19858—2005《地理标志产品 涪陵榨菜》。

GH/T 1011—2022《榨菜》。

**2. 检测项目**

① 感官要求。

② 理化指标。

③ 卫生指标。

## 三、品质要求及检测方法

**1. 感官要求**

感官要求见表 3-4。

表 3-4　榨菜的感官要求

| 项目 | 要求 | 检验方法 |
| --- | --- | --- |
| 色泽 | 具有榨菜固有的微黄色或黄绿色，辅料色泽正常 | 取混匀的榨菜 0.5～1kg 置于白色瓷盘中，感官检验色泽、滋味及气味、形态、质地。质地检验时在沸水中烹煮 10min，口尝 |
| 滋味及气味 | 具有榨菜特有的鲜香味及其辅料固有的滋味和气味，无不良气味和异味 | |
| 形态 | 菜块近圆球形、扁圆球形或块状，肉质肥厚 | |
| 质地 | 具有榨菜特有的嫩、脆 | |

### 2. 理化指标

理化指标见表 3-5。

表 3-5　榨菜的理化指标

| 项目 | 指标 |
| --- | --- |
| 水分/(g/100g) | ≤90 |
| 食盐含量（以氯化钠计）/(g/100g) | ≤15 |
| 总酸（以乳酸计）/(g/kg) | ≤10 |

### 3. 卫生指标

① 总砷、铅、亚硝酸盐，按 GB/T 5009.54 规定的方法进行检验。

② 微生物指标，按 GB 4789.3、GB 4789.4、GB 4789.10 规定的方法进行检验。

## 四、实验要求

① 本实验材料采用涪陵榨菜。

② 查阅收集并整理相关资料，根据相关标准要求测定榨菜的感官指标，从理化指标、卫生指标中选择 3～5 个指标设计实验，制订实验方案。

③ 学生分组准备实验材料、仪器及试剂耗材等，根据实验方案开展预试验，确定最终测定指标及方法。

④ 根据实验方案开展综合设计性实验，记录分析实验数据，形成实验报告。

## 五、思考题

国家标准与行业标准有什么区别？

# 实验三　酱油品质检验

## 一、实验目的

① 熟悉国家标准的查询方法并了解酱油的国家标准。

② 掌握酱油的主要品质评价指标及检测方法，进一步巩固已学分析方法和检测技术。

## 二、相关标准及检测项目

### 1. 相关标准

GB 2717—2018《食品安全国家标准 酱油》。

### 2. 检测项目

① 感官指标。

② 理化指标。

③ 污染物。

④ 真菌毒素。

⑤ 微生物。

⑥ 食品添加剂和食品营养强化剂。

## 三、检测方法

### 1. 感官要求

感官要求见表 3-6。

表 3-6　感官要求

| 项目 | 要求 | 检验方法 |
| --- | --- | --- |
| 色泽 | 具有产品应有的色泽 | 取混合均匀的适量试样置于直径 60～90mm 的白色瓷盘中，在自然光线下观察色泽和状态，闻其气味，并用吸管吸取适量试样进行滋味品尝 |
| 滋味、气味 | 具有酱油应有的滋味和气味，无异味 | |
| 组织状态 | 不混浊，无正常视力可见外来异物，无霉花浮膜 | |

### 2. 理化指标

理化指标见表 3-7。

表 3-7　理化指标

| 项目 | 指标 | 检验方法 |
| --- | --- | --- |
| 氨基酸态氮/(g/100mL) | ≥0.4 | GB 5009.235 |

### 3. 污染物限量

应符合 GB 2762 的规定。

### 4. 真菌毒素限量

应符合 GB 2761 的规定。

### 5. 微生物限量

① 致病菌限量应符合 GB 29921 的规定。

② 微生物限量还应符合表 3-8 的规定。

表 3-8 微生物限量要求

| 项目 | 采样方案①及限量 | | | | 检验方法 |
|---|---|---|---|---|---|
| | *n* | *c* | *m* | *M* | |
| 菌落总数 /(CFU/mL) | 5 | 2 | $5\times10^3$ | $5\times10^4$ | GB 4789.2 |
| 大肠菌群/(CFU/mL) | 5 | 2 | 10 | $10^2$ | GB 4789.3 中的平板计数法 |

注：*n* 为同一批次产品应采集的样品件数，*c* 为最大可允许超出 *m* 值的样品数，*m* 为致病菌指标可接受水平限量值（三级采样方案）或最高安全限量值（二级采样方案），*M* 为致病菌指标的最高安全限量值。

①样品的采样及处理按 GB 4789.1 执行。

### 6. 食品添加剂和食品营养强化剂

① 食品添加剂的使用应符合 GB 2760 的规定。

② 食品营养强化剂的使用应符合 GB 14880 的规定。

## 四、实验要求

① 查阅收集并整理相关资料，根据相关标准要求测定酱油的感官指标，从理化指标、污染物、真菌毒素、食品添加剂和食品营养强化剂中选择 3～5 个指标设计实验，制订实验方案。

② 学生分组准备实验材料、仪器及试剂耗材等，根据实验方案开展预试验，确定最终测定指标及方法。

③ 根据实验方案开展综合设计性实验，记录分析实验数据，形成实验报告。

## 五、思考题

试分析影响酱油品质的因素有哪些。

# 实验四 蒸馏酒品质检验

## 一、实验目的

① 熟悉国家标准的查询方法并了解蒸馏酒的国家标准。

② 掌握蒸馏酒的主要品质评价指标及检测方法，进一步巩固已学过的分析方法和检测技术。

## 二、相关标准及检测项目

### 1. 相关标准

GB 2757—2012《食品安全国家标准 蒸馏酒及其配制酒》。

### 2. 检测项目

① 感官指标。
② 理化指标。
③ 污染物。
④ 真菌毒素。
⑤ 食品添加剂。

## 三、检测方法

### 1. 感官指标

应符合相应产品标准的有关规定。

### 2. 理化指标

理化指标见表 3-9。

表 3-9　理化指标

| 项目 | 指标 | | 检验方法 |
|---|---|---|---|
| | 粮谷类 | 其他 | |
| 甲醇①/(g/L) | ≤0.6 | ≤2.0 | GB 5009.266 |
| 氰化物①（以 HCN 计）/(mg/L) | ≤8.0 | | GB 5009.36 |

①甲醇、氰化物指标均按 100%酒精度折算。

### 3. 污染物限量

应符合 GB 2762 的规定。

### 4. 真菌毒素限量

应符合 GB 2761 的规定。

### 5. 食品添加剂

食品添加剂的使用应符合 GB 2760 的规定。

## 四、实验要求

① 查阅收集并整理相关资料，根据相关标准要求测定蒸馏酒的感官指标，从理化指标、污染物限量、真菌毒素、食品添加剂和食品营养强化剂中选择 3～5 个指标设计实验，

制订实验方案。

② 学生分组准备实验材料、仪器及试剂耗材等，根据实验方案开展预试验，确定最终测定指标及方法。

③ 根据实验方案开展综合设计性实验，记录分析实验数据，形成实验报告。

## 五、思考题

试分析影响蒸馏酒品质的因素有哪些。

# 参考文献


[1] GB/T 37885—2019. 化学试剂 分类 [S].

[2] GB/T 601—2016. 化学试剂 标准滴定溶液的制备 [S].

[3] GB/T 27404—2008. 实验室质量控制规范 食品理化检测 [S].

[4] GB/T 8170—2008. 数值修约规则与极限数值的表示和判断 [S].

[5] GB/T 5009. 199—2003. 蔬菜中有机磷和氨基甲酸酯类农药残留量的快速检测 [S].

[6] KJ 201710. 蔬菜中敌百虫、丙溴磷、灭多威、克百威、敌敌畏残留的快速检测 [S].

[7] NY/T 761—2008. 蔬菜和水果中有机磷、有机氯、拟除虫菊酯和氨基甲酸酯类农药残留量的测定 [S].

[8] GB 23200. 113—2018. 食品安全国家标准 植物源性食品中 208 种农药及其代谢物残留量的测定 气相色谱-质谱联用法 [S].

[9] GB 5009. 87—2016. 食品安全国家标准 乳及乳制品中噻菌灵残留量的测定 荧光分光光度法 [S].

[10] DB 34/T 1843—2013. 水体中三嗪类除草剂检测方法 分子印迹固相萃取-液相色谱串联质谱法 [S].

[11] GB/T 21317—2007. 动物源性食品中四环素类兽药残留量检测方法 液相色谱-质谱/质谱法与高效色谱法 [S].

[12] GB 31650—2019. 食品安全国家标准 食品中兽药最大残留限量 [S].

[13] GB/T 20756—2006. 可食动物肌肉、肝脏和水产品中氯霉素、甲砜霉素和氟苯尼考残留量的测定 液相色谱-串联质谱法 [S].

[14] GB/T 18932. 27—2005. 蜂蜜中泰乐菌素残留量测定方法 酶联免疫法 [S].

[15] NY/T 3313—2018. 生乳中 β-内酰胺酶的测定 [S].

[16] GB 5009. 12—2017. 食品安全国家标准 食品中铅的测定 [S].

[17] GB 5009. 15—2014. 食品安全国家标准 食品中镉的测定 [S].

[18] GB 5009. 17—2021. 食品安全国家标准 食品中总汞及有机汞的测定 [S].

[19] GB 5009. 11—2014. 食品安全国家标准 食品中总砷及无机砷的测定 [S].

[20] Barkai-Golan R, Paster N. Mouldy fruits and vegetables as a source of mycotoxins: part 1 [J]. World Mycotoxin Journal, 2008, 2: 147-159.

[21] Moake M M, Padilla-Zakour O I, Worobo R W. Comprehensive review of patulin control methods in foods [J]. Comprehensive Reviews in Food Science and Food Safety, 2005, 4 (1) : 8-21.

[22] GB 2761—2017. 食品安全国家标准 食品中真菌毒素限量 [S].

[23] GB 5009. 185—2016. 食品安全国家标准 食品中展青霉素的测定 [S].

[24] GB 5009. 209—2016. 食品安全国家标准 食品中玉米赤霉烯酮的测定 [S].

[25] GB 5009. 213—2016. 食品安全国家标准 贝类中麻痹性贝类毒素的测定 [S].

[26] LS/T 6114—2015. 粮油检验 粮食中赭曲霉毒素 A 测定 胶体金快速定量法 [S].

[27] GB 5009. 28—2016. 食品安全国家标准 食品中苯甲酸、山梨酸和糖精钠的检测方法 [S].

[28] GB 5009. 263—2016. 食品安全国家标准 食品中阿斯巴甜和阿力甜的测定 [S].

[29] GB 5009. 97—2016. 食品安全国家标准 食品中环己基氨基磺酸钠的测定 [S].

[30] GB 5009. 35—2016. 食品安全国家标准 食品中合成着色剂的测定 [S].

[31] GB 2760—2014. 食品安全国家标准 食品添加剂使用标准 [S].

[32] GB 5009. 121—2016. 食品安全国家标准 食品中脱氢乙酸的测定 [S].

[33] GB/T 10345—2022. 白酒分析方法 [S].

[34] GB 5009. 139—2014. 食品安全国家标准 饮料中咖啡因的测定 [S].
[35] GB 5009. 34—2016. 食品安全国家标准 食品中二氧化硫的测定 [S].
[36] SN/T 0184. 4—2010. 食品中李斯特氏菌检测 第 4 部分：胶体金法 [S].
[37] GB 4789. 10—2016. 食品安全国家标准 食品微生物学检验 金黄色葡萄球菌检验 [S].
[38] SN/T 5439. 2—2022. 出口食品中食源性致病菌快速检测方法 PCR-试纸条法 第 2 部分：金黄色葡萄球菌 [S].
[39] 李晓娣，袁著忻，叶明亮．等．PCR 扩增 nuc 基因快速检测金黄色葡萄球菌 [J]．解放军医学高等专科学校学报，2014，25：36-37.
[40] GB 29921—2021. 食品安全国家标准 预包装食品中致病菌限量 [S].
[41] GB 4789. 36—2016. 食品安全国家标准 食品微生物学检验 大肠埃希氏菌 O157:H7/NM 检验 [S].
[42] GB 5009. 251—2016. 食品安全国家标准 食品中 1,2-丙二醇的测定 [S].
[43] GB/T 22388—2008. 原料乳与乳制品中三聚氰胺检测方法 [S].
[44] GB/T 21126—2007. 小麦粉与大米粉及其制品中甲醛次硫酸氢钠含量的测定 [S].
[45] 农业部 1163 号公告-1-2009. 动物性食品中己烯雌酚残留检测 酶联免疫吸附测定法 [S].
[46] GB 5009. 271—2016. 食品安全国家标准 食品中邻苯二甲酸酯的测定 [S].
[47] DZ/T 0064. 50—2021. 地下水质分析方法 第 50 部分：氯化物的测定 银量滴定法 [S].
[48] GB 11896—89. 水质 氯化物的测定 硝酸银滴定法 [S].
[49] DZ/T 0064. 17—2021. 地下水质分析方法 第 17 部分：总铬和六价铬量的测定 二苯碳酰二肼分光光度法 [S].
[50] GB 7467—1987. 水质六价铬的测定 二苯碳酰二肼分光光度法 [S].
[51] GB 5009. 36—2016. 食品安全国家标准 食品中氰化物的测定 [S].
[52] GB 5009. 33—2016. 食品安全国家标准 食品中亚硝酸盐与硝酸盐的测定 [S].
[53] GB 5009. 266—2016. 食品安全国家标准 食品中甲醇的测定 [S].
[54] KJ201912. 白酒中甲醇的快速检测 [S].
[55] GB 5009. 227—2016. 食品安全国家标准 食品中过氧化值的测定 [S].
[56] GB 5009. 235—2016. 食品安全国家标准 食品中氨基酸态氮的测定 [S].
[57] SN/T 1961. 3—2012. 食品中过敏原成分检测方法 第 3 部分：酶联免疫吸附法检测荞麦蛋白成分 [S].
[58] GB 19301—2010. 食品安全国家标准 生乳 [S].
[59] GB/T 19858—2005. 地理标志产品 涪陵榨菜 [S].
[60] GH/T 1011—2022. 榨菜 [S].
[61] GB 2717—2018. 食品安全国家标准 酱油 [S].
[62] GB 2757—2012. 食品安全国家标准 蒸馏酒及其配制酒 [S].